主要粮食作物轻简高效施肥技术

衣文平　主编

中国农业出版社

北　京

图书在版编目（CIP）数据

主要粮食作物轻简高效施肥技术／衣文平主编 . —
北京：中国农业出版社，2017.10
ISBN 978-7-109-23294-5

Ⅰ.①主… Ⅱ.①衣… Ⅲ.①粮食作物－施肥 Ⅳ.
①S510.62

中国版本图书馆 CIP 数据核字（2017）第 203540 号

中国农业出版社出版
（北京市朝阳区麦子店街 18 号楼）
（邮政编码 100125）
责任编辑 黄 宇 杨金妹 李 蕊

中国农业出版社印刷厂印刷 新华书店北京发行所发行
2017 年 10 月第 1 版 2017 年 10 月北京第 1 次印刷

开本：787mm×1092mm 1/16 印张：12
字数：263 千字
定价：50.00 元
（凡本版图书出现印刷、装订错误，请向出版社发行部调换）

序

　　小麦、玉米、水稻对我国粮食安全具有举足轻重的影响，化学肥料在农作物生产上扮演了重要角色，但由于劳动力短缺与传统施肥习惯的矛盾、传统肥料品种与传统施肥方式不匹配，制约了小麦、玉米、水稻高产高效生产的发展。

　　缓控释肥料具有养分释放缓慢、肥料利用效率高、损失少等特点，开发以缓控释肥料为核心的轻简高效施肥技术是解决此问题的有效途径。鉴于此，北京市农林科学院植物营养与资源研究所的科研人员从 20 世纪 90 年代初开始从两个方面开展了相关研究：经过多年努力，研发成功国内第一台包膜控释肥料的生产设备，首次开发出直线释放型（L 型）与曲线释放型（S 型）两类不同释放型的包膜控释肥料，奠定了我国包膜控释肥料理论与实践的基础，并在 2009 年出版了《缓控释肥料理论与实践》一书。为降低控释肥料的生产、使用成本，在粮田上的广泛应用做好技术储备，该所在成功研发控释肥料的基础上又开始研究以控释肥料为核心的"轻简高效施肥技术体系及规程"。在我国河北、山东、辽宁、吉林、天津、北京等北方地区建立了轻简高效施肥技术试验示范区，进行以控释肥料为主的一次性施肥试验。通过对大量试验数据的整理，总结出小麦（冬小麦）、玉米（春玉米、夏玉米）、水稻等作物的轻简高效施肥技术体系及规程，其具体内容书中都有详细介绍。为了便于基层应用，还制作了相应的软件。只要通过简单的人机对话，就可以得到具体的施肥建议，十分方便、实用。

　　各示范区的成功范例得到了当地农民的认可，证实了以控释肥料为核心的轻简高效施肥技术是可信的、可行的，只要正确实施就可以收到节本省力增产的综合效益。本项研究成果为控释肥料在粮食作物上广泛应用提供了有力的技术支撑。可以说，以控释肥料为代表的新型肥料的面市为我国的化肥产业开辟了新时代，以控释肥料为核心的轻简高效施肥技术的创建将是我国施肥技术的一次飞跃。它将在我国的粮食增产、农民增收、环境改善方面发挥越来越重要的作用。

本书的出版标志着控释肥料在我国粮食作物上的应用进入了一个新阶段，必将推动控释肥料的健康发展。

以衣文平同志为首的科研人员，针对目前我国主要粮食作物施肥中存在的突出问题及多年经验编写了本书。我衷心祝贺本书出版，希望本书能够成为全国从事植物营养、农业、生态、资源环境等学科的教学、科研、技术推广等相关人员的参考用书。

2017 年 8 月 16 日

前　言

　　小麦、玉米和水稻是我国主要的粮食作物，当前由于劳动力成本的提高，简化粮食作物施肥程序和提高肥料利用率已经成为农民迫切的需求。目前施用于小麦、玉米和水稻等大田作物上的普通氮肥由于肥效期短，难以做到一次性施肥，施肥多为底施＋追施1～2次，才能满足作物养分需求，造成人工成本增加，肥料损失严重。因此，应用轻简高效施肥技术显得尤为重要。轻简高效施肥技术是指以节本增效为前提，在耕地前或者种肥同播及插秧泡田前将作物整个生育期所需要的肥料一次施入，生育期内不再追肥。此技术的特点是施用的肥料中含有一定比例的控释肥料。控释肥肥效期长，肥料养分的供应与植物需求基本一致，既可以防止土壤中有效氮过量，又能满足植物在整个生长期对养分的需求。将控释肥技术融入轻简高效施肥中，为实现一次性施肥提供了有效的技术手段。近年来对以控释肥料为核心的轻简高效施肥技术的研究已成为肥料行业的热点。

　　北京市农林科学院植物营养与资源研究所从1994年开始在国内率先、系统开展了树脂包膜控释肥料的研究，1998年首次研制出生产设备，2000年进入树脂包膜控释肥料产业化生产，形成了具有独立知识产权的直线释放型（L型）、曲线释放型（S型）控释肥料生产工艺和配方，目前已转让技术或合作的企业有5家，年生产控释肥料在5万吨以上。为了更好地将控释肥料应用到主要粮食作物上，十几年来，我们根据国内不同粮食作物的需肥规律和生长发育特点，结合推荐施肥方法，通过多点试验研究，逐步明确了不同作物种植条件下树脂控释肥料的释放期及与普通化肥的配施比例，在此基础上，开发出了以控释肥料为核心的系列产品配方，并经过试验、示范应用效果评价，依据国家相关技术标准，制订出了不同粮食作物生产条件下的轻简高效施肥技术规程，为大面积推广应用轻简高效施肥技术奠定了坚实的基础。

　　为了大力推广以控释肥料为核心的轻简高效施肥技术体系，为控释肥料在粮食作物上广泛应用提供技术支持；为全国从事植物营养、农业、生态、资源环境等学科及专业的教学、科研、技术推广与肥料企业等相关人员提供技术参考，特组织相关人员与合作单位共同编写本书。

本书内容共分 10 章，主要阐述了轻简高效施肥技术概念与背景，缓控释肥料的概念、意义及国内外应用现状，直线释放型聚合物包膜控释肥料，曲线释放型聚合物包膜控释肥料，推荐施肥模型概念、意义及国内外应用现状，聚合物包膜控释肥料在小麦（冬小麦）、玉米（春玉米、夏玉米）与水稻等作物上的应用，聚合物包膜肥料技术转化应用。

在本书出版之际，我们十分感谢国家科学技术部、农业部、北京市科学技术委员会、北京市农林科学院等有关单位多年来对主要粮食作物轻简高效施肥技术的研究与应用工作的大力支持。还特别要感谢北京市农林科学院植物营养与资源研究所刘宝存、徐秋明、邹国元三位研究员提供了他们专著中的部分图件及资料。感谢张有山研究员审阅并提出修改意见，对参加过试验、示范、推广等工作的所有学生、相关人员，在此一并表示感谢！

由于水平所限，书中难免存在不足和遗漏之处，还请广大读者批评指正。

编　者

2017 年 8 月 16 日

目 录

序
前言

1 轻简高效施肥技术概念与背景

1.1 轻简高效施肥技术概念

轻简高效施肥技术是指以节本增效为前提，在耕地前或者种、肥同播及插秧泡田前将作物整个生育期所需肥料一次施入，生育期内不再追肥。此技术的特点是施用的肥料中含有一定比例的控释肥料。控释肥肥效期长，肥料养分的供应与植物需求基本一致，既可以防止土壤中有效氮过量，又能满足植物在整个生长期对养分的需求。

1.2 轻简高效施肥技术研究背景

小麦、玉米、水稻是我国主要粮食作物，其产量水平及稳产性对我国粮食安全具有举足轻重的影响。化肥对我国粮食单产增长的贡献率高达 40%～50%，对提高总产的贡献率 30%～31%。近年来，不科学的施肥和为追求产量而盲目大量施肥，造成施肥量迅猛增加，但粮食产量却未相应快速增长。更重要的是，由此造成了资源浪费、环境胁迫和无效性投入增加。目前，小麦、玉米、水稻等大田作物上由于普通氮肥肥效期短，难以做到轻简高效，施肥多为底施＋追施 1～2 次，才能满足作物养分需求，造成人工成本增加，肥料损失严重。因此，开展节本、省工、增效的小麦玉米轻简高效施肥技术与产品研制及应用显得尤为重要。

1.2.1 缺乏低成本、适于轻简高效施肥的专用肥料产品

多年以来，农业科技人员一直努力研究探索更加节肥、省工的轻简高效施肥技术产品。缓控释肥料由于其缓释特性，能够实现作物生育期内一次施肥，减少劳动力投入，是当前肥料领域的发展方向之一。但目前大多数缓控释肥料价格和使用技术要求较高，包膜尿素的材料附加成本为 800～1 000 元/吨，硫黄包裹尿素的材料附加成本为 700～800 元/吨，一次性施肥技术包括全量、高量配施（控释肥占 50%、70%）成本相对较高，生产厂家推广规模受限，利润难以保障，农民不容易接受。国内外缓释肥料主要应用于经济价值较高的花卉、蔬菜、果树等，在大田小麦、玉米等粮食作物生产中的应用不多。小麦、玉米需要什么样的缓释肥料？对肥料养分缓释性的要求如何，都是必须加强研究和明确回答的问题。此外，大田作物缓释肥料需要多样化的产品，缓释肥料需要不断完善标准。20 世纪 90 年代以来，尽管有一些产品在生产上表现出一定的增产效果，但同类产品或因其价格太高，或因其效果不够稳定而限制了应用范围。

1.2.2 缺乏包膜控释肥料田间释放作用机制及其与普通肥料合理配施方法研究

缺乏田间不同释放期控释肥释放特征及与普通尿素适宜配比研究，缺乏小麦、玉米控释专用肥及制备方法。目前研究多集中于单一控释肥料不同减量水平研究、单一控释肥料等量增产效果研究、多处理中仅一个处理为控释肥料与普通尿素用量配比研究、等氮量不同控释肥料品种试验研究，亟须在小麦、玉米、水稻轻简高效施肥技术方面有所突破，以提高化肥利用率，减少化肥投入。

2 缓控释肥料的概念、意义及国内外应用现状

2.1 缓控释肥料的概念

缓控释肥料顾名思义是肥料施用后肥料或养分的释放可以人为控制，或者与速效肥料相比肥料养分释放速度缓慢。因肥料养分的释放缓慢，施用后对作物的作用时间也比较长。缓释控释肥料在国际和国内一直没有严格和权威的定义和评价标准，原因是这个问题一直在国内外特别是国内存在很大争议，目前国内缓控释肥料的研究和产业化受到业内人士的密切关注，研制生产的缓控释肥料品种很多，肥料缓释的方式方法也是多种多样，而且现在和将来，还会不断产生新的肥料缓释方法。人们依据自己对缓控释肥料的理解，产生了各种对缓控释肥料的理解和评价标准。

缓释肥料和控释肥料之间到目前为止，也没有一个权威和严格的区分。缓控释肥料（slow and controlled release fertilizer，SRFs 和 CRFs）中 controlled，中文称为"控制"，日文称为"调节"；release，中文称为"释放"，日文称为"溶出"。国际肥料发展中心（IFDC）编写的《肥料手册》中对缓释肥料和控释肥料的定义为：

缓释肥料：（slow-release fertilizer，SRF）一种肥料所含的养分是以化合的或以某种物理的状态存在，以使肥料养分对作物的有效性延长。

控释肥料：（controlled-release fertilizer，CRF）肥料中的一种或多种养分在土壤溶液中具有微溶性，以使它们在作物整个生长期均有效，理想的这种肥料应当是肥料的养分释放速率与作物对养分的需求一致。微溶性可以是肥料本身特性或通过包膜可溶性粒子获得。

美国植物养分管理署（AAPFCO）和国际肥料工业协会（IFA）将尿素与醛类化合物的缩合产物生产的肥料（UF、IBDU、CDU 等）称为缓释肥料，包膜（coating）和包裹肥料成为控释肥料，添加硝化抑制剂和脲酶抑制剂等的肥料称为稳态肥料。缓控释肥料种类很多，由于氮肥最易损失，缓控释肥料价格又较高，所以多数是以氮素为对象研制缓控释肥料。

2.2 缓控释肥料的意义及国内外应用现状

2.2.1 化肥生产与使用现状

100 多年以前，人们建立了植物矿质营养理论，在这一理论指导下，人们开始使用和生产化学肥料，自从化学肥料问世以来，为农业生产力的提高作出了巨大的贡献。根据联合国粮食及农业组织的资料，1949—1998 年的 50 年中，世界化肥消费量每 10 年翻一番，1998 年化肥总消耗量已达 1.4 亿吨。近 50 年来，世界粮食单产由 1 000 千克/公顷提高到

2 500千克/公顷，施用化肥可使粮食作物单产提高55％～57％，总产提高30％～31％。化肥对农业的贡献已为人所共知。

我国是一个人口众多、土地资源匮乏的国家，实现农作物的高产高效符合我国国情。我国人口高居世界之首，现有人均耕地超过667米^2，由于工业和城市的快速发展，耕地正在以每年超过66.7万公顷的速度减少，以如此有限的耕地养活众多的人口，其主要出路必然是提高农作物的单位面积产量。西欧、北美等一些发达国家多为一年一季或实行耕地的轮休等土地的耕作制度，而我国大部分地区还采用一年两熟或一年三熟。全国平均复种指数高达150％，耕地利用强度大，我国与发达国家相比，耕地潜在肥力较低，有机物的循环和再利用效率不高。所以，为了提高农作物的产量，现阶段主要还要依靠化学肥料的施用，来保证我们对粮食和农作物的需求。

化肥的施用，极大地促进了我国农业的发展，在我国粮食增产上起到了举足轻重的作用。中华人民共和国成立之初，我国化肥用量不足1万吨，1978年达到813万吨，到2000年用量为4 146万吨，化肥生产量和施用量分别占到世界的20％和30％，2006年我国化肥产量达到5 213万吨，占世界化肥生产量的37％，化肥生产量和施用量均居世界第一位。化肥的施用，极大地促进了我国农业的发展。据全国化肥试验网的试验结果，平均每千克氮素可增产小麦、玉米等主要粮食作物10千克左右、皮棉1.2千克、油菜籽6千克。作物总产中有1/3以上是化肥的贡献。

在农业生产中，化肥支出占生产成本（农业生产资料和人工成本）的25％以上，占到全部农业生产资料费用（种子、肥料、农药、机械作业、排灌等费用）的50％左右。但是，化肥施用不合理，必然导致化肥利用率下降，既浪费了资源，又污染了环境。农民每年由于盲目过量施肥造成的直接损失平均每公顷650元。全国每年直接损失300多亿元。

每年约有1 500万吨氮素（约占氮肥用量的60％）损失进入大气和水体导致了土壤、空气与水体环境的污染，同时也出现了农产品安全问题。化肥的不合理施用还引起了土壤盐化、养分不协调、土壤生物多样性降低、作物抗逆性下降、病虫害滋生，生态环境受到严重威胁。化肥利用率低下除了施用不合理之外，传统速效性化肥自身裸露的结构也是重要的原因之一。世界各国的农业实践表明，为了得到稳定的高产，作物在整个生育期间都应得到足够的养分，特别是氮素。但是，一次施用大量的易溶性矿质养分肥料，作物不能及时吸收，加之本身无包膜易于淋洗和挥发造成养分的损失，降低了肥料的利用率。因此，利用不同的技术方法来改变肥料的形态，是研究如何阻止或减少养分淋失和挥发问题的核心。

2.2.2 缓控释肥料的提出

目前，提高肥料利用率的技术手段之一是对肥料本身进行改性，开发更适应作物生长的新型肥料。长期的科学研究表明，挥发淋洗是氮肥利用率低的重要原因。因此，研究减缓、控制肥料的溶解、挥发和释放速度已成为提高肥料利用率的有效途径之一。

开发和研究缓控释肥料，做到在作物的生育期间，能缓慢地释放养分，使其释放时间和释放量与作物的需肥规律相吻合，同时，由于有了包膜减少了挥发，最大限度地减少肥料损失，提高肥料利用率，是当前肥料的发展方向之一，也是世界上肥料的生产技术与施用技术紧密结合的前沿技术。

随着科学技术的进步和农业集约化程度的提高，世界肥料发展趋势是：高浓度复合化、液体化、控缓效化。世界生产和使用化肥历经3次变革：第一阶段是20世纪60年代之前，生产的化肥为单质低浓度肥料；第二阶段是20世纪60~80年代，发达国家发展高浓度化肥和复合肥；第三阶段是近30年来，发达国家开始重点研究缓控释肥料、生物肥料、有机复合化肥料、功能性肥料，成为新型肥料研究与开发的热点。

2.2.3　缓控释肥料的国内外研究现状

自20世纪50年代以来，国外开始发展含氮的长效肥料，如脲甲醛、脲乙醛、包硫尿素等，进而发展了包括氮、磷在内的缓效肥料，以减少养分损失与固定、提高肥料利用率。实际上这类肥料也是一种有机-无机复合肥，只不过起缓效作用的有机物料是价格昂贵的合成产品，甲醛、乙醛、DTPA等的价格都相当贵。

到目前为止，国内外的一些厂家和研究单位已经研制生产了多种长效肥料，肥料的长效途径主要有以下几种。

2.2.3.1　大颗粒化肥造粒

这种方法简便易行，生产成本较低，但肥料的长效效果不好，且不能控制养分释放时间。

2.2.3.2　有机合成

通过人工合成方法，制成水中溶解度小的含氮有机化合物，经水分或微生物的作用，逐步分解将氮素释放出来，如醛和尿素的缩合物、草酰胺等。这种肥料长效效果较好，但生产成本较高，养分控制释放效果较差。

2.2.3.3　添加硝化抑制剂

在氮素化肥中添加硝化抑制剂，抑制铵态氮硝化以延长土壤颗粒对养分吸附保持的时间。

2.2.3.4　肥料包膜

以难溶于水的物质作包膜材料，将可溶性养分包在其中，达到延长养分释放时间的目的。

国外肥料包膜制造控缓释肥料的技术发展较快，一些先进国家已经发展到很高的水平，如日本、美国、加拿大等，在可调控肥料的研制方面已成为技术领先的国家。他们可以通过调整包膜材料和添加剂对肥料养分释放进行控制。基本可以做到养分释放时间和释放量与作物的需肥规律相吻合，并且做到一次施肥，不再进行追肥，可节省大量的劳动力。根据日本在水稻、玉米、蔬菜等作物的田间研究结果表明，水稻、蔬菜氮肥利用率可达80%，其他作物也可达70%以上。可比普通氮肥的利用率提高1倍以上。目前，已开始在粮食作物上大量应用，销售量和产量逐年提高。

目前，世界缓控释肥料年消费总量在80万吨以上（不含中国）。其中美国、加拿大约50万吨（约占63%），日本16.8万吨（约占21%），西欧、以色列12.3万吨（约占15%），其他国家及地区约0.9万吨（约占1%）。随着控制化肥用量的环境立法在世界各国越来越受重视，世界缓控释肥料消费年增长率达 5% 以上，明显高于世界普通化肥的增长率。当前，影响缓控释肥料发展的最主要问题为价格高，以普通尿素价格为 1，则包硫尿素为 2，聚合物包膜控释肥为 4～8。由于售价高，除日本外，美国、西欧 90% 的控释肥用于草坪、苗圃等非农业市场。因此，降低生产成本、走向大田是缓控释肥料研制和应用的主攻方向。

我国可控释肥料研究起步较晚，20 世纪 70 年代南京土壤研究所成功研制长效碳酸氢铵，并对脲甲醛、草酰胺等合成工艺进行探讨，但工作没有进行下去。1995 年，沈阳生态研究所陆续推出了添加脲酶抑制剂的长效尿素。1994 年，北京市农林科学院、华南农业大学、山东农业大学、湖南省农业科学院，先后在国内开展了树脂包膜尿素的研究，北京市农林科学院 1998 年率先研制出生产设备，实现了树脂包膜控释肥料产业化，中国农业科学院研制了缓释肥料黏结剂，2003 年中国农业大学在复混肥料包膜肥料评价和应用方面开展了工作。当前，中国缓控释肥农业施用量估算为 315 万吨左右，占中国复混肥施用量的 5%。与国际缓控释肥料主要用于花卉、草坪相比，国内缓控释肥最大的特点之一就是广泛用于大田作物，实现了高端肥料的"平民化"应用。目前，中国缓控释肥产量的年均复合增长率在 25% 左右。受益于新一轮产业转型升级和现代农业发展之需，预计到 2025 年，国内缓控释肥仍将保持 10%～15% 的较高增长率，发展空间巨大。经过多年发展，我国多种缓控释肥技术得到应用，比如硫包膜、脲醛缓释、聚氨酯包膜、复合稳定抑制剂等技术，规模化生产成熟、成本大幅降低，价格已逐步"平民化"，目前缓控释肥产品已经成功应用于大田作物，这几年的年均增长率均保持在 50% 以上。

我国的控释肥料技术总体不及发达国家水平，尤其在产业化方面差距较大。目前我国每年缓控释肥料的消费量 2 万吨（实物）左右，市面上主要品牌为美国的 Osmocote，日本的 Mester、Nutricote，以色列的 Multicote 等包膜控释肥料，市场售价都在 10 000 元/吨以上。自 2008 年以来，全国农业技术推广服务中心连续发文，要求各地结合测土配方施肥工作，全面开展缓控释肥的示范推广工作。示范推广范围已从 2008 年的 5 个省、6 种作物、37 个县扩大至 2011 年的 23 个省、25 种作物、72 个县。缓释、控释肥已列为国家中长期科学技术发展计划的优先主题，《国家中长期科学与技术发展规划纲要（2006—2020 年）》提出了 8 个重点领域的 27 项前沿技术及 18 个基础科学问题。作为重点领域的农业，安排了 9 个优先主题，其中第 6 个优先主题为环保型肥料、农药创制和生态农业技术。重点研究开发环保型肥料，农药创制关键技术，专用复合（混）型缓释、控释肥料及施肥技术与相关设备。我国化肥施用量已达到资源、环境难以接受的程度。2006 年我国化肥消费量大约在 5 800 万吨，占世界总消费量的 36.5%。2005 年我国进口钾肥 883 万吨（实物）。2003—2005 年，我国每年用于采购钾肥的外汇从 8 亿美元增至 18 亿美元，可以说"施钾肥就是施美元"。

众所周知，过量施用氮肥造成大气、水质污染，过量施用磷肥引起江河湖海水质富营养化。农业部印发的《到 2020 年化肥使用量零增长行动方案》促进了缓控释肥料的发展，缓控释肥将发挥减肥提效的关键作用。目前，缓控释肥产量占复合肥产量的 5% 多一点，还是很低。大力发展缓控释肥料，是解决肥料利用率问题的重要途径。

2.2.4 存在问题

缓控释肥具有复杂的制造工艺，制造成本比较高，其肥效优势和环境优势需要得到认识。这样在一段时间内限制了缓控释肥的普及和应用。

农民对新产品的接受相对滞后，对缓控释肥存在认识过程。如一些农户片面认为只有快速溶解的肥料才是好肥料，因而对缓慢释放的新型肥料存有抵触心理。由于文化水平相对较低，大部分农民都不了解缓控释肥，他们种地靠的是祖祖辈辈传下来的经验，对新型的肥料和科学的种植方法还不适应，这种改变需要很长时间的培育和引导。农民购买肥料，大部分都是直接去农资店，而农资店的缓控释肥价格高。尽管缓控释肥减少了施肥的数量和次数，具有节约成本、不会烧苗、环保等优点，但是农资店出售缓控释肥以利益驱动，加价严重，导致缓控释肥价格高，购买人数少，推广服务跟不上，农民望而却步，陷入恶性循环。

虽然缓控释肥有明显增产增收的效果，但这往往需要精确测产才能体现出来，这也在一定程度上制约了农户使用缓控释肥的积极性。对于种植大户来说，每 667 米² 增加十几元的投入，就会带来产出的增加；对于种植小户来说，增收的效果难于达到其心理预期，而且自然条件对缓控释肥的效果也会产生一定影响，因此适用范围相对较窄。政府在缓控释肥的推广方面，起到巨大的作用。在缓控释肥研发和销售过程中，也需要政府能够给予大力的扶持。政府对缓控释肥生产企业的科研补助力度不够。企业研发新产品需要投入大量的资金，需要政府给予科研补贴。政府对农民购买缓控释肥的补助较低，影响了农民应用缓控释肥的积极性。对于缓控释肥农民最关心的就是价格，政府的补贴力度低，影响农民购买的积极性。

缓控释肥作为一种具有极大潜力的新型化肥，准入门槛低。有些小企业生产的"缓控释肥"，严格来讲根本达不到缓控释肥的标准，但同样流入市场，导致市场上流通的缓控释肥质量参差不齐。

2.2.5 展望

缓控释肥是非常好的新型肥料品种，代表了肥料的发展方向，对节约资源、保护环境、保障粮食安全起到关键的助推作用，是现代农业不可缺少的重要内容。进一步加大缓控释肥的发展力度，是我国实现农业可持续发展的重要举措。相对于我国化肥行业整体而言，缓控释肥产业规模偏小，不足市场的 5%，缓控释肥推广空间巨大、任务艰巨。农民对于新产品、新技术的认知过程慢，推广难度较大。企业应该派遣专业人员对有意向购买本企业缓控释肥的农民进行产品讲解，让其了解缓控释肥的优点；要在企业内部设立推广部门，以企业所在地为中心，向周边的每个村、镇进行缓控释肥的宣传。政府充分发挥政府职能，加大宣传和扶持力度。政府和企业应该同时发力，全民提高认知，一定会加快缓控释肥的推广和普及。

国外发达国家通过政府补贴的方式推动缓控释肥的发展。我国规定配方肥和缓控释肥每 667 米² 补贴标准为 75 元，补贴力度仍然有限。因此可以通过提高补贴增加缓控释肥的市场份额。拓宽销售渠道可以通过网络营销、厂家直销及增加代售服务站点。各个缓控释肥生产销售企业应当充分开动脑筋，通过各种媒介传递缓控释肥的知识，明码标价，让农民直观地了解产品的价格；采用厂家直销的方式降低流通环节的成本，使农民花较少的钱就能购买到缓控释肥；通过增加代售服务站点扩大辐射范围，让更多的农民接触到缓控释肥领域。加大缓控释肥的研发力度。企业要加大对新产品的研发力度，降低成本，提高肥效，扩大长期定位试验示范，提高缓控释肥在化肥市场上的竞争力，用好的产品来吸引农民购买。企业研发的力度也需要国家的帮扶，政府应当通过降低税收、提供研发补贴等方式提高企业研发新产品的积极性。政府提供政策上的帮扶，通过提高农民购买缓控释肥的补贴和加大对于缓控释肥企业的研发补贴，提高农民和企业使用和生产缓控释肥的积极性。国家应当将补贴的金额直补给农民，让农民直观地感受到使用缓控释肥的好处。

加大缓控释肥料标准的宣传力度，国家已经出台了一系列缓控释肥行业标准及国家标准，但执行力度比较低，应进一步加强监管、监督、抽查力度，净化市场，使真正的缓控释肥得以发展。国家质量监督检验检疫总局发布了新修订的化肥产品生产许可证实施细则，将缓控释肥料、控释肥料、硫包膜缓控释复肥、脲醛缓控释复肥等肥料品种纳入工业生产品生产许可证管理。提高了缓控释肥生产的准入门槛。虽然提高生产门槛和加大流通抽查会导致短期内缓控释肥产能与产量的降低，但可以将市场中不合格的产品剔除，从长远角度来说，保证了缓控释肥产品的高质量，增强缓控释肥在整个化肥市场中的竞争力。鼓励缓控释肥出口创汇，缓控释肥是高技术含量产品，政府可以通过降低出口关税等方式，鼓励有实力企业出口缓控释肥料，一方面，可降低常规化肥的出口，减少资源外流，另一方面，通过出口，走向国际，树立品牌，提高中国制造的世界影响力，更大程度上参与国际竞争，并树立领先地位。

2.3 缓控释肥料的分类

目前，国际上出现的缓控释肥主要有以下 3 种类型：含转化抑制剂类稳态肥料、化学合成有机氮类缓释肥料、包膜（裹）型控释肥料。

2.3.1 稳态肥料

稳态肥料的主要原理是应用脲酶抑制剂和硝化抑制剂，减缓尿素的水解和对铵态氮的硝化-反硝化作用，从而减少肥料氮素的损失。

2.3.1.1 脲酶抑制剂

脲酶是在土壤中催化尿素分解成二氧化碳和氨的酶，能促使尿素在土壤中的转化。20 世纪 60 年代人们开始重视筛选土壤脲酶抑制剂的工作，脲酶抑制剂是对土壤脲酶活性有抑制作用的化合物。重金属离子和醌类物质的脲酶抑制作用机理相同，均能作用于脲酶蛋白中对酶促有重要作用的巯基（—SH）。磷胺类化合物与尿素分子有相似的结构，可与尿素竞争脲酶的结合位点，而且其与脲酶的亲和力极高，这种结合使得脲酶减少了作用尿素的机会，达到了抑制尿素水解的目的。脲酶抑制剂的品种有氢醌、N-丁基硫代磷酰三胺、邻-苯基磷酰二胺、硫代磷酰三胺等。

2.3.1.2 硝化抑制剂

硝化抑制剂与氮肥混合施用，阻止铵的硝化和反硝化作用，减少氮素以硝态和气态氮形态损失，提高氮肥利用率。硝化抑制剂的作用机理主要是在硝化作用的第一阶段，抑制 NH_4^+ 氧化为 NO_2^- 的亚硝化细菌的活性，从而减少 NO_2^- 累积，进而控制 NO_3^- 的形成，减少氮的损失。

国外 20 世纪 50 年代开始研制硝化抑制剂，硝化抑制剂主要分为有机和无机化合物两大类，主要产品有吡啶、嘧啶、硫脲、噻唑等的衍生物及六氯乙烷、双氰胺（DCD）等。由于铵态氮肥本身也可以快速被植物吸收利用，它本身不能延缓肥料的养分释放更不能控制肥料的养分释放，因此也有人认为这类肥料不能称为缓控释肥料，常称为稳定态氮肥或者长效肥料。

2.3.2 化学合成缓释肥料

2.3.2.1 脲醛类肥料

含氮、磷、钾的微溶性化合物种类很多。含磷化合物有磷酸氢钙、脱氟磷钙、磷酸铵镁、偏磷酸钙等。含钾化合物有偏磷酸钾、聚磷酸钾、焦磷酸钙钾等。含氮微溶性化合物有脲甲醛（urea-formaldehyde，UF）：尿素与甲醛的缩合物，含氮 35%～40%；异丁叉二脲（isobutylidene diurea，IBDU）：尿素与异丁醛的缩合物，含氮 31%～32%；丁烯叉二脲（crotonylidence diurea，CDU）：尿素与乙醛的环状缩合物，含氮 30%～32%；乙二酸二酰胺（oxamide）：亦称为草酰胺，可由草酸铵加热脱水生成，含氮 31%；脒基脲（guanylurea）：有氰胺化钙（石灰氮）制得双氰胺，再与硫酸或磷酸加热分解可分别制得脒基硫脲和脒基磷脲。脒基硫脲（GUS），含氮 33%，硫 9.5%，在水中溶解度为 5.5 克；脒基磷脲（GUP），含氮 28%、磷（P_2O_5）35.5%，在水中溶解度为 4 克，他们的溶解度虽大，但易被土壤吸附。UF、IBDU、CDU 已大量用作缓释肥料，磷酸铵镁作为缓释肥料在美国、英国均有销售。

（1）脲甲醛（UF）。脲甲醛缓释肥料在国际上是最早被研制的缓释肥料，是由尿素和甲醛在一定条件下化合而成的聚合物。早在 20 世纪 30 年代美国就开始研制，1955 年出现缓释肥料商品。国际上脲醛产品在缓控释肥料领域占有重要的地位。在美国、日本和西欧国家，平均每年都要施用 22 万吨的脲醛化合物。根据与尿素反应的醛类物质原料的不同，化学合成类缓释肥料可以分为脲甲醛（UF）、丁烯叉二脲（CDU）、异丁叉二脲（IB-DU）等。其中最为常用的是脲甲醛肥料。

脲甲醛肥料是一个甲醛分子和两个尿素分子反应，形成亚甲基尿素：

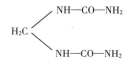

如果这个反应重复进行，即可得到 3 次甲基四尿素的聚合物：

通常脲甲醛肥料都是混合物，其中包括尿素和甲醛缩合反应中形成的分子质量大小不等的反应产物，如亚甲基二脲（MDU）、二亚甲基三脲（DMTU）、三亚甲基四脲（TM-

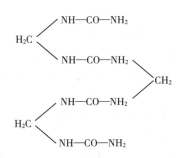

TU）等。以上反应再重复进行，聚合物就进一步复合，这个链还可以延长，形成 5 次甲基六尿素聚合物。脲甲醛施入土壤后，主要在微生物作用下水解为甲醛和尿素，后者进一步分解为氨、二氧化碳等供作物吸收利用，而甲醛则留在土壤中，在它未挥发或分解之前，对作物和微生物生长均有副作用。脲甲醛施入土壤后的矿化速率主要与 U/F（尿素与甲醛的物质的量的比）、氮素活度指数、土壤温度及土壤 pH 等因数有关。当 U/F 为 1.2～1.5、土壤温度≥15℃、土壤呈酸性反应时，氮素活度指数增加，则分解加快。

脲甲醛常作基肥一次性施用，可以单独使用，也可以与其他肥料混合施用。以等氮量比较，对棉花、小麦、谷子、玉米等作物，脲甲醛的当季肥效低于尿素、硫酸铵和硝酸铵。因此，将脲甲醛直接施于生长期较短的作物时，必须配合速效氮肥施用。

（2）异丁叉二脲（IBDU）。脲异丁醛，又称为异丁叉二脲、异丁基二脲，代号 IB-DU。分子式为（CH₃）₂CHCH（CHCONH₂）₂，相对分子质量为 174.20。脲异丁醛外观为白色粉末或颗粒，产品粒度 20～30 目，总含氮 32.18%，容重约 0.7 克/厘米³，几乎与尿素相同；不易吸湿，吸湿度远低于尿素，在水中的溶解度很低，室温条件下每 100 毫升水中仅溶解 0.01～0.10 克氮。施入土壤后，在微生物作用下可水解为尿素和异丁醛。脲异丁醛具有生产原料廉价易得、无残毒的特点，是稻田良好的氮源，其肥料相当于等氮量水溶性氮肥的 104%～125%，可与尿素、氯化钾、磷酸氢二铵等化肥混合施用，是一种有发展前途的缓控释肥料。

脲异丁醛是以尿素和异丁醛为原料，在催化条件作用下经缩合反应所得到的产物，反应式为

$$2NH_2CH_2 + (CH_3)_2CHCHO \longrightarrow C_6H_{12}N_4O_2 + H_2O$$

尿素和异丁醛在催化剂作用下经缩合生成脲异丁醛的反应，可在酸性条件下进行，也可在碱性条件下完成。早在 20 世纪 50 年代，国外学者就发现脲异丁醛具有缓慢释放氮素的性能，已被广泛用于园艺作物、草坪、稻田等的施肥。脲异丁醛的化学水解作用使其对水分较为敏感，因此可以用控制水分含量的高低来控制氮的释放速度；温度对脲异丁醛的水解作用影响很小。因此，脲异丁醛与其他肥料的掺和肥或与其他原料生产的复合肥，可以用于赛场草坪和冬季作物的肥料；借控制水分来控制氮的挥发是脲异丁醛突出的特点。

（3）丁烯叉二脲（CDU）。脲乙醛，又称为丁烯叉二脲，代号 CDU，是一种常用的脲醛类缓释肥。纯粹的丁烯叉二脲是一种白色粉体，也有为黄色颗粒，8～20 目，含氮 28%～32%，尿素态氮小于 3%。不易吸湿，长期贮存不结块，在水中的溶解度很小；但

在酸性溶液中，随着温度的升高，溶解度迅速增加。

脲乙醛的包装容重为 630～700 千克/米³，熔点为 250～252℃，有良好的热稳定性，在 150℃ 的条件下长时间加热不会分解。因此，脲乙醛可与过磷酸钙、硫酸钾或氯化钾、磷酸铵、尿素及其他肥料一起加热，进行混合造粒。脲乙醛在土壤中的溶解度与土壤温度和 pH 有关，随着温度升高和酸度的增大，其溶解度增大。脲乙醛适用于酸性土壤，施入土壤后，分解为尿素和 β-羟基丁醛，尿素经水解或直接被植物吸收利用，而 β-羟基丁醛则分解为二氧化碳和水，无毒素残留。脲乙醛可作基肥一次施用。当土壤温度为 20℃ 左右时，脲乙醛施入土壤 70 天后的有效氮释放率比较稳定，因此，施于牧草或观赏草坪比较好。如果用于速生型作物，则应配合速效氮肥施用。

2.3.2.2　其他化学合成类肥料

草酰胺，又称为草酸二酰胺、乙二酰胺，代号 OA，外文名称为 oxamide，别名为 ethanediamide、oxalic acid diamid。

草酰胺分子为 $(CONH_2)_2$，相对分子质量为 88.07。白色，有斜针状结晶，无气味，难溶于水、醇和醚。350℃ 下分解（另有文献记载熔点 491℃），相对密度 1.667，草酰胺肥料外观为白色粉状固体，无毒，不易吸收，在水中的溶解度约为 0.4 克/升，在普通条件下容易保存。草酰胺含氮为 31.8%，在水解或生物分解过程中释放氮的形态可供作物吸收。土壤中的微生物影响其水解速度，草酰胺的粒度对水解速度有明显影响，粒度越小，溶解越快，研成粉末状的草酰胺就如同速效肥料。

草酰胺肥料施入土壤后可直接水解为草胺酸和草酸，并释放出氢氧化铵。草酰胺对玉米的肥效与硝酸铵相似，呈粒状时则释放减慢，但优于脲醛肥料。

2.3.3　控释肥料

2.3.3.1　高分子聚合物包膜的控释肥料

1964 年，美国 ADM 公司率先研制出高分子聚合物包膜肥料。属于热固性树脂包膜肥料，在制备过程中使聚合物（如醇酸树脂和聚氨酯类树脂）包被在肥料颗粒上，由树脂交联形成疏水聚合物膜，所生产的控释肥料耐磨损，养分的释放主要依赖于温度变化，土壤水分含量、土壤 pH、干湿交替及土壤生物活性对养分释放影响不大。1967 年，美国 Sierra Cheamical 公司继续研制该产品，并进行包膜材料的改进，成功生产出产品，该产品命名 "Osmocote"，这是美国在海外销售的唯一树脂包膜控释肥料，直到今天，Osmocote 仍为美国以至于国际上第一大控释肥料品牌。

另一类树脂包膜控释肥料是热塑性包膜肥料。最常用的制造技术是热塑性包膜材料溶解在有机溶剂中形成包膜液，将包膜液包涂在肥料颗粒表面，有机溶剂挥发后形成控释肥料，主要通过包膜材料的配方来调节养分释放速率。热塑性树脂包膜肥料是日本窒素公司于 1976 年研制成功，使用高分子质量的聚烯烃材料包膜，核心选用硝酸铵、钾肥和磷铵肥料，商品名 "Long"。1980 年，包膜复合肥料 "Nutricote" 和包膜尿素 "Meister" 上市。

高分子聚合物包膜肥的膜耐磨损，控释性能好，所研制的肥料的养分释放主要受温度的影响，其他因素影响较小，能够实现作物生育期内一次施肥、接触施肥，减少活劳动。

该类肥料是国际上发展最快的控释肥料品种之一。世界缓控释肥料总的发展趋势：一是高分子聚合物包膜类控释肥料，将由现在单一的氮肥包膜向氮、磷、钾甚至包括中微量元素的多元素和有机-无机肥料包膜方向发展；二是掺混型缓控释肥料，通过物理或化学手段，按照作物生长期，通过"异粒变速"技术，形成数个养分释放高峰（包膜肥料开发过程见表 2 - 1）。

表 2 - 1　各国包膜肥料开发过程

种类	公司名	年份	内容
硫黄包膜肥料	TVA（美国）	1961	包膜尿素
		1968	包膜尿素
		1978	包膜尿素
	Lesco Inc.（美国）	1978	包膜尿素
	ICI（英国）	1972	包膜尿素
	CIL（加拿大）	1975	包膜尿素
	三井东压（日本）	1975	包膜化成
		1982	包膜尿素
	O. M. SCOTT（美国）	1981	包膜尿素
		1983	包膜尿素
热固性树脂	ADM（美国）	1964	包膜化成
	SCC（美国）	1967	包膜化成
	昭和电工（日本）	1970	包膜化成
	昭和化成（日本）	1984	包膜化成
		1988	包膜化成
树脂包膜肥料	硝子化成（日本）	1979	包膜化成
		1988	包膜尿素
	SAG（德国）	1982	包膜化成
热塑性树脂	旭化成（日本）	1976	包膜化成
	窒素（日本）	1980	包膜尿素
	日产化学（日本）	1984	包膜化成
	住友化学	1989	包膜尿素
	协和发酵	1989	包膜化成

2.3.3.2　硫包膜控释肥料

1961 年，由美国 TVA 公司开发的硫黄包膜肥料进入规模化研究，1971 年，每小时 1 吨的试验装置开始建设投产，至 1976 年，已经生产了 1 000 吨的硫黄包膜肥料。一直到今天，硫黄包膜是包膜控释肥料类中销售量和生产量最大的品种，由于硫黄价格相对树脂等材料便宜很多，所以硫黄包膜肥料一直是最受用户青睐的产品之一。硫黄包膜设备可以用转鼓，也可以使用流化床包膜。图 2 - 1 为硫黄包膜尿素生产流程。

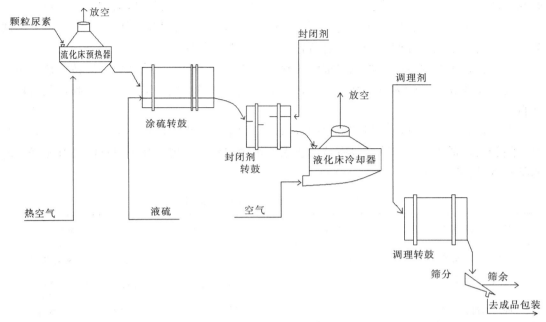

图 2-1 转鼓硫黄包膜尿素生产流程

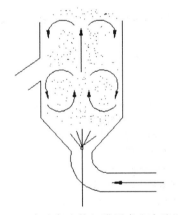

图 2-2 喷动床硫黄包膜尿素生产流程

一般硫黄包膜肥料中硫黄用量 15%～25%，封闭剂 2%～4%，调理剂 2%～4%，含氮量 34%～38%。封闭剂可以是微晶蜡、树脂、沥青和重油等，调理剂可以是滑石粉、硅藻土等。使用转鼓包膜的优点是产量高、能耗低、工艺相对简单，缺点是包膜均匀性较差、包膜材料消耗较高。使用流化床包膜（图 2-2）的优点是包膜均匀、节省包膜材料，缺点是能耗较高，包膜时粒子互相碰撞，易产生裂痕（表 2-1）。

2.3.3.3　其他包膜（包裹）型缓控释肥料

郑州大学磷钾肥料研究所在借鉴国外包膜肥料的基础上，克服了硫黄包膜和高分子聚合物包膜肥料的缺点，自主研发了肥料包裹型肥料工艺。

第一类包裹型复合肥是以粒状尿素为核心，以钙镁磷肥和钾肥为包裹层，采用磷钾泥浆和稀硫酸、稀磷酸为黏合剂，在回转圆盘中进行包裹反应，制得氮磷钾复合肥料。

第二类包裹型复合肥以粒状尿素为核心，以磷矿粉、微肥和钾肥为包裹层，采用磷酸、硫酸为黏合剂，在回转圆盘中进行包裹反应，制得氮磷钾复合肥料。

第三类包裹型复合肥以粒状水溶性肥料为核心，以微溶性二价金属磷酸铵钾盐为包裹层，磷钾泥浆和稀磷酸为黏合剂，在回转圆盘中进行包裹反应，进行多层包膜，制得控释肥料。

第二类肥料价格低廉，但溶解时间较短，适用于一般大田作物。第三类价格较高，缓释时间较长，适用于花卉草坪等有特殊要求的植物与作物。现将几种典型的具有缓释性能的肥料及其特征列于表2-2。

表2-2　几种缓控释肥料特征对比

缓效性肥料种类	无机化过程	持续时间	土壤环境影响
天然有机质肥料	微生物分解	数周	受环境水分、pH、微生物等影响
合成有机缓释肥料	溶解，微生物加水分解	数日至数月	受环境水分、pH、微生物等影响
高聚物包膜肥料	释放	数日至数年	除温度外，环境影响小

表2-3　我国各省份缓控释肥生产厂家、产量及所采用的技术

省份 \ 项目	生产厂家	所采用的技术	产量（万吨）
河南	阿波罗（在建中）、心连心、河南三门峡思念缓释肥业有限公司（以磷硫酸为黏合剂递层包裹造粒）、河南省育富生态肥业有限公司、商丘市远东肥业有限公司（包膜尿素）、河南省格诺金肥业有限公司等	主要是包膜法	20
山东	金正大、山东济南农博士绿色肥料有限公司、山东莱州爱地尔生物科技有限公司、山东临沂施可丰化工股份有限公司（长效缓释氮肥）、山东东平县包裹复合肥有限公司（肥包肥型缓释肥）、山东泰安润丰农业科技发展有限公司（包膜型控释肥）、山东济南春龙实业有限公司（多元高效缓释肥）、山东临沂红日阿康化工股份有限公司（控释复合肥）等	采用高聚物树脂包膜、树脂改性硫包膜	67
辽宁	沈阳中科绿田农业发展有限责任公司、辽宁锦西天然气化工有限责任公司（抑制剂型缓释肥）、辽宁沈阳东亚肥业有限公司等	包膜法	
上海	上海汉枫缓释肥料有限公司（包膜型）、上海大洋生态有机肥有限公司（脲甲醛类缓释肥）等	包膜法、非包膜法	2

（续）

省份\项目	生产厂家	所采用的技术	产量（万吨）
广东	广东深圳芭田复合肥有限公司（肥包肥型缓释肥）、广州禺城岭南复合肥有限公司（涂层尿素和涂层复合肥）、广州良田肥业有限公司（缓控释肥）等	包膜法	
江苏	江苏阿波罗、江苏通州专用肥料厂、江苏兴化农乐肥料有限责任公司（肥包肥型缓控释肥）、江苏连云港恒丰磷肥厂（肥包肥型缓控释肥）、江苏东台奇康肥料有限公司（活性长效包膜肥）、江苏南京纵横科技实业有限公司（缓控释肥）、江苏南京金陵石油化工公司复肥厂（高效缓控释肥）等	包膜法、综合法	5
湖南	湖南金叶众望肥料有限公司、湖南邵阳海纳兴业化工有限公司、湖南浏阳花灵花肥厂（花木长效缓释肥）、湖南益阳康利泰实业有限公司（包膜型缓控释作物专用肥）、湖南枚县奥富化肥厂（低成本缓控释肥）等	包膜法	30
北京	安华农科（北京）缓控释肥料有限公司、北京澳佳肥业有限公司（缓控释肥）、北京桑松农业生态科技有限责任公司（木质素缓释肥）、北京联创常青生化技术有限公司（木质素缓释肥）、北京谷丰化工制品有限公司（包膜尿素）、北京丰霖科技发展有限公司（缓控释保水复混肥）、北京阳光克劳沃生化技术有限公司（包膜长效控释肥）等	包膜法	2
河北	北沧州大化集团公司（涂层缓释尿素）、河北廊坊益农集团（涂层缓释肥）、河北石家庄天源淀粉衍生物有限公司（多功能缓控释剂）、河北三河香丰肥业有限公司（长效控释肥）等	包膜法	2
天津	天津康龙生态农业有限公司（缓控释剂、缓控释肥）、天津百斯特化肥有限公司（缓控释复合肥）等		
安徽	安徽宁国中化司尔特化肥有限公司（高浓度多元素包膜缓控释复合肥）、安徽青阳县程翔肥料有限公司（缓控释肥）等	包膜法	
四川	四川好时吉化工有限公司	包膜法	1

　　从表2-3可知，中国缓控释肥生产厂家分布较广，从事产业化开发和推广应用的单位有70余家。目前，我国缓控释肥产量已超过100万吨，占世界总产量的50％以上，缓控释肥总产能已达200多万吨/年。其主要采用的技术为包膜法。从缓控释肥料的应用来看，全国范围内目前产品已广泛应用于粮食作物、蔬菜、果树、棉花和花卉等上，分别增产7％～13％、12％～15％、5％～15％、20％～25％、5％～20％，其中以水稻效果最为突出，施肥方式基本上采用一次性底施。

3 直线释放型聚合物包膜控释肥料

3.1 直线释放型聚合物包膜控释肥料概念

高分子聚合物包膜控释肥料是由热塑性树脂如聚乙烯、聚丙烯等作为包膜材料的，将以上材料在有机溶剂中加热溶解，热熔液用高压泵喷到水溶性颗粒肥料上，在高压热风的作用下，将溶液瞬间干燥，直到肥料颗粒被树脂完全包裹，达到所需的厚度，即可以制造出肥料养分释放速率只依赖于温度的控释肥料。高分子聚合物包膜控释肥料依据其养分溶出类型分为两种。①直线释放型。例如，包膜尿素，在养分溶出80%之前溶出曲线是一条直线，80%之后可能向下弯曲，呈抛物线形（因尿素在25℃时饱和溶液浓度是40%，在养分溶出60%之后包膜内为不饱和溶液，养分溶出速度自然减缓），但是多数聚合物包膜肥料释放80%以后释放曲线才下降，可能是由于热塑性包膜肥料的包膜具有一定的弹性，肥料水溶部分溶出后包膜会有一定的收缩，膜内限制了一部分水分的溶入。控释肥料溶出时间在30～300天，一般日本公司生产的控释包膜肥料释放期控制的较准，日本窒素公司的Meister包膜尿素释放误差一般不超过5%（时间越长的类型，误差越大）。②曲线释放型。肥料施入田间后开始不释放或释放量很少，达到设定时间或积温后，养分快速释放出来，肥料养分释放曲线呈现S形。直线型、曲线型、速效肥料以不同比例掺混，可配成各种专用肥料，使得肥料养分释放可以模拟作物对养分需求的形态，以尽量做到肥料养分释放与作物需肥同步的理想状态，最大限度地提高肥料利用率。

3.2 直线释放型聚合物包膜控释肥料释放机制

固体肥料施入土壤后，受土壤中各种环境条件的影响，变为对作物有效的养分，其有效速度因环境条件的不同而不同。土壤中影响肥料有效速度的因素很多，如土壤水分、pH、温度、微生物、机械组成等。这些条件在田间都是人为不易或不能控制的，而这些条件之间又相互影响、互相作用，因此，普通的固体肥料或长效肥料不易人为估算其有效化速度，更不易人为控制其养分释放速度。

直线释放型聚合物包膜控释肥料是采用水分透过率很低的高分子树脂作为包膜材料（图3-1），将其均匀喷涂于肥料颗粒表面，使其形成一层水分渗透性很低的树脂膜，土壤中的水分通过树脂膜进入肥料颗粒内，将养分溶出膜外供作物吸收，其膜内肥料的溶出速度，就是肥料养分的有效释放速度。由于这些高分子树脂化学性质比较稳定，土壤pH微生物、生物等条件短期内不易对其包膜的性质产生影响。因此，也不易对膜的水分渗透速度产生影响。而在土壤环境的所有条件之中，只有土壤的温度、水分条件可改变高分子树脂膜的水分渗透速度，也就是改变肥料养分的溶出速度。

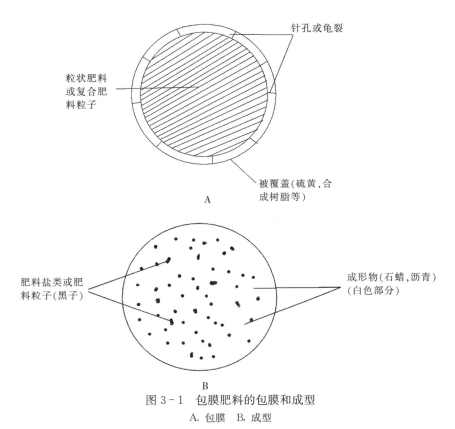

图 3-1 包膜肥料的包膜和成型

A. 包膜 B. 成型

一般来说，水分是以水蒸气形态穿过包膜肥料的树脂膜的，气体或蒸汽由膜的一侧进到另一侧是由于薄膜上有微孔，树脂膜上的微孔只能通过体积较小的水蒸气，液态水由于个体较大，一般不能通过膜，所以在一定温度下，某一种成分的高分子树脂膜，透过薄膜的水分量与作用到膜上的水蒸气压力成正比，而与液态水的量无关。在土壤中，当土壤水分达到不影响作物的养分吸收时，土壤中的水蒸气压力就已经达到或接近饱和。作物的需肥与生育期有关，达到不同生育期需要有一定积温，通过此原理，调整肥料养分释放时间，达到作物需肥与肥料养分释放同步。

在一定温度下，某一种成分的高分子树脂膜，透过薄膜的气体量与作用到膜上的压力成正比，与渗透时间和曝露表面积成正比，与环境水的蒸汽压力成正比，与薄膜的厚度成反比。于是我们得到式（3-1），即

$$Q = \frac{PAtP_i}{X} \qquad (3-1)$$

式中，Q 为透过薄膜气体的量；A 为接触气体的薄膜表面积；t 为渗透时间；P_i 为环境的相对湿度（水蒸气压力）；X 为薄膜厚度；P 为渗透率因子（渗透系数）在一定温度下某一种气体在某薄膜中的渗透因子是一个定值（化学化工辞典）。

式中的 P_i 在相对湿度大于 100% 时，P_i 则是 1，不再变化。而在土壤中，土壤水分达到不影响作物的养分吸收以上水分值时，土壤中的水蒸气压力就已经达到或接近饱和。

因此，在田间实际应用时，土壤的水分并不影响养分溶出速度。而包膜肥料中薄膜表面积和薄膜厚度，在加工时是可以推算的。这样，我们就可以通过调整包膜成分，改变膜的水分透过率以至改变养分溶出速度，制成在某一温度下不同养分溶出速度的控释肥料。

3.3 工艺流程与包膜材料选择

3.3.1 生产设备研制

3.3.1.1 包膜肥料加工机械的选择

肥料包膜加工机械的制造是项目的关键，加工采用的机械类型，加工时的温度、气速、喷头的类型和状态，都可能影响肥料的质量和生产成本（表 3-1）。

表 3-1 不同包膜设备包膜效果试验对比

实施例	包膜法	风速（米/秒）	包膜温度（℃）	水中溶出率（%）		评价
				24 小时	1 个月	
1	旋转式糖膜机（包膜率10%）	—	40～50	90 以上	—	包膜无效
			50～60	90 以上	—	
			60～70	90 以上	—	
			70～80	90 以上	—	
2	流化床包膜机（包膜率10%）	4	50	30.5		包膜无效
			60	14.3	—	包膜效果差
			70	17.3	—	包膜效果差
			80	19.4	—	包膜效果差
3	喷动床包膜机（包膜率6%）	15	50	1	3.8	良好
			60	1.2	4.7	良好
			70	1.8	4.9	良好
			80	2.4	10.3	良好
		30	50	0.3	0.9	优良
			60	0.3	1.1	优良
			70	0.4	2.9	优良
			80	1.9	4.9	良好

3.3.1.2 直线释放型聚合物包膜肥料包膜流动方式的选择

包膜法主要有喷动和流化床两种，不同的方式喷雾方式和使用范围都不同，具体参见表 3-2。

表 3-2 各种流化和喷动方式包膜法

组合	喷雾方式	使用范围
	流化床，喷嘴位于被包粒子上部，流动粒子底部为多孔板，喷嘴向下喷雾	多为小粒子造粒和颗粒包膜，多用于食品和医药
	流化床，底部多孔板，粒子由下向外向上循环，喷嘴由周围中央向下喷雾	用于小粒子造粒和颗粒包膜，用于医药、食品
	喷动床，强制被包粒子由下向上翻动，喷嘴位于流动粒子中央，向上喷雾。可连续运作	用于肥料、医药、食品等造粒
	喷动床，风底吹，喷嘴底喷向上喷雾	用于大粒子造粒，肥料包膜
	流化床，喷嘴位于被包粒子底部，流动粒子底部为多孔板，喷嘴向上喷雾	多为大小粒子包膜，用于食品和医药
	风由底部两侧向上吹，喷嘴由中心水平向外喷雾	颗粒和锭剂包膜用于医药
	喷动床，风底吹，喷嘴位于中央，向上喷雾	用于颗粒、结晶包膜，用于食品

3.3.2 生产工艺流程

3.3.2.1 直线释放型聚合物包膜控释肥料断续生产过程

包膜肥料生产流程中的涂膜设备是关系肥料生产成功与否的关键环节。包膜设备的生产流程见图3-2。

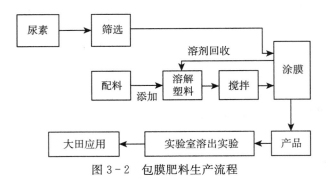

图3-2 包膜肥料生产流程

该设备优点在于：

（1）使用高风速将肥料颗粒吹起，避免包膜过程中颗粒之间粘连。

（2）高温高速风可瞬间将包覆液干燥，使其在颗粒表面很快形成一层塑料膜，肥料包膜和干燥过程同时完成。

（3）包膜是在全封闭状态下进行，能高效率、完全地回收溶剂，并可简化溶剂的回收过程。

（4）肥料包膜是在设备全封闭状态下进行，包膜过程防止了溶剂泄漏，有利于降低成本，改善工人的工作环境。

（5）肥料颗粒是在均匀有序循环条件下进行包膜，从而保证了每颗肥料包膜的包膜均匀性。

喷流式颗粒包膜机分为包膜材料溶解、颗粒包膜、溶剂回收3部分。肥料粒子生产流程为（图3-3）：

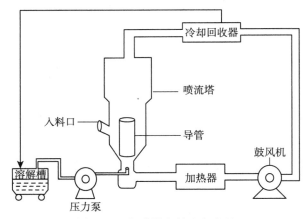

图3-3 包膜设备的生产流程

（1）鼓风机吹出高压加热风，吹入导管。

（2）肥料粒子由入料口加入，在重力作用下流至喷嘴处被高压风托起穿过导管落下再流至喷嘴处反复循环。

（3）溶解包覆液由喷嘴喷出包在肥料表面。

（4）高温高速风将包覆液干燥，使其在颗粒表面形成一层塑料膜，溶剂通过冷凝器回收。

以上为断续生产过程，其产量和效率受到一定限制。

3.3.2.2 直线释放型聚合物包膜控释肥料连续生产过程

直线释放型聚合物包膜控释肥料的断续生产过程，生产效率较低，同样产量时使用人工、原材料、电力、水、燃料等消耗均较高。另外，断续生产过程较为复杂，生产过程也不易实现自动化。所以，实现生产的连续化，是现代工业生产的必由之路。

（1）直线释放型聚合物包膜控释肥料连续化设备国内外进展。由于控释肥料对包膜要求较高，国外多使用流化床和喷动床包膜设备生产控释肥料。美国国家肥料开发中心（NFDC）开发转鼓型肥料包膜设备，最早用于硫黄包膜肥料的制造，后转用于聚烯烃包膜肥料的连续生产。国内北京化工大学徐和昌采用转鼓包膜制造控释肥料（断续生产工艺1992），荷兰氮素公司采用 NSM 流化床（nederlandse stikst of maatschappij 连续生产工艺）包膜，NSM 流化床包膜机外形长方形，肥料由设备一端的入口加入，空气由下部鼓入，经多孔板将肥料浮起形成流化向前移动，雾化的包膜液体由排为一行的多个喷嘴喷入，喷到向前移动的肥料上，同时干燥风对肥料进行干燥。直到包好由另一端出口出料。美国 TVA 公司采用连续喷动设备包膜肥料，设备设多个包膜格，每一格内分为储存室和包膜室两个室，肥料由第一格储存室加入，由储存室流入包膜室，包膜室内喷嘴喷入包膜液体，干燥风将肥料吹到第二格的储存室内，再流入第二格包膜室，如此每单个包膜格循环一次，直至包膜完成出料。流化转鼓设备是法国卡尔登巴赫-索琳公司（Kaltenbach-Thuring S. A.）开发的。流化床转鼓包膜机为一个内部装有防堵抄板的卧式圆筒形转鼓，转鼓内设有倾斜、平直的多孔板的流化床，颗粒肥料进入转鼓后，被抄板提升至转鼓顶部，然后自由落下，铺撒在流化床上，再落到转鼓底部，物料落入转鼓底部的过程中，喷嘴将包膜液体喷到肥料上并风干。紧接着再由抄板提到转鼓顶部，如此反复，直到包膜完成出料，我国清华大学机械系开发了此种产品。

目前，日本、美国和德国都有类似喷动床连续生产设备的简单报道，美国有类似设备的专利报道（经我们对该专利进行分析比较，认为其设备不适用于控释肥料的生产），未见到日本在这方面的专利报道。

国内外连续化肥料包膜专利和技术设备有如下不足：

①流化床采用多孔板将被包物料与风机隔离，使喷嘴位置受到限制，不能将喷嘴安放在合适的位置，形成最佳的溶液雾化效果，从而影响包覆液的雾化效果，包膜质量受到影响。

②流化床中被包物料整体悬浮包膜，若采用单喷嘴包膜，其包膜均匀性会受到影响，而多喷嘴包膜喷嘴的安装位置和喷射角度很难掌握，可能会产生漏喷或互相干涉现象。

③流化床与喷动床相比，被包粒子不能形成有序流动，使其包膜的均匀性受到影响。

④美式连续喷动设备设多个包膜格，每单个包膜格只循环一次，包膜设备较为复杂，制造技术要求较高，设备的灵活性受到限制。

⑤使用转鼓进行聚烯烃类控释肥料生产，以我们目前国内的技术，还无法解决粒子粘连、溶剂回收等关键技术。

⑥转鼓与喷动床相比，被包粒子不能形成有序流动，使其包膜的均匀性受到影响。

（2）连续包膜试验设备研制。综合各方面的资料，依据单塔包膜设备的经验，我们对单塔包膜设备进行了重新组合和改进，设计出连续化肥料包膜试验设备。目前，已制成连续化包膜生产设备，设备定位为3塔联合包膜，每个喷流塔有独立的循环及喷动系统，既可独立运行，也可联合生产，生产过程中，由于喷动系统的液体和气体喷流不中断，包膜粒子在设备中不断运动、转移，可大幅度提高产品包膜质量和产量，连续化包膜设备见图3-4。

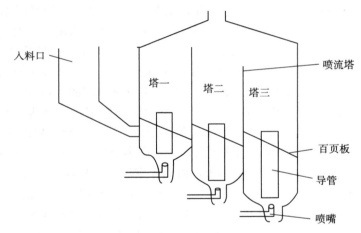

图3-4 连续包膜设备试验塔总图

联动百叶阀设置见图3-5。每个包膜塔上方均设置一列活动百叶窗式百叶帘，将包膜塔分为上下两个半区，包膜过程在塔的下半区进行。百叶帘在塔内为35°角倾斜放置，在包膜进行时，百叶帘打开，包膜上半区和下半区连通，与相邻包膜塔隔板关闭，形成3个各自分离的包膜塔。进行正常包膜。需要进出料时百叶帘关闭，包膜上下半区分离，同时与相邻包膜塔隔板打开，进行出入料过程。

①干燥系统。小型设备干燥系统采用单风机分流干燥。采用 2 000 米³/时大风量风机，在各塔每一进风口设置调风阀，以调节合适入风量和压力。调节入风口与出风口直径比例，保证干燥风循环顺畅。风机采用离心式风机，以保证在风阻加大时设备的安全，同时减少耗能和投入。

②喷液系统。采用压缩气气雾式喷嘴，所有输送液体管道进行蒸汽保温，防止溶液凝固。每个喷嘴有单独的液体调节阀和压缩气体调节阀，以保证喷嘴的正常压力，达到最好的雾化效果，液体管道总阀安装调压阀，保证溶液正常循环压力和液体加压泵安全运转。

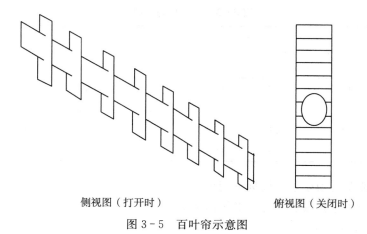

侧视图（打开时）　　　　　俯视图（关闭时）

图 3-5　百叶帘示意图

[实例]

①将鼓风机打开，高压风通过换热器或热风炉被加热后吹入包膜塔，第一、二、三塔百叶帘全部打开，用调节阀调节风速。

②将被包粒子由入料口加入到第一个包膜塔中，将塔一包覆液喷嘴打开，调至适合喷量进行肥料的包膜。

③包膜 20 分钟后将塔一百叶帘关闭，塔一包覆粒子流入塔二，将塔二喷嘴打开，调至合适喷量。

④在观察窗观察塔一包膜粒子将转移完之前将塔一百叶窗打开，再由入料口向塔一入料至合适的位置。

⑤包膜 20 分钟后将塔二百叶帘关闭，塔二包覆粒子流入塔三，将塔三喷嘴打开，调至合适喷量。

⑥塔三包膜 20 分钟后出料为成品。

（3）连续型肥料包膜设备效益分析。控释包膜肥料的推广应用生产成本是项目成功的最关键的因素，肥料单机断续生产产量低，人工、能源等消耗成本相对较高。开发连续型包膜设备，可大幅度降低成本，还可提高产品质量。

①连续型肥料包膜设备对肥料包膜质量的影响。在喷动床中，由于肥料粒子在机器内分布位置不同，流动状态也不尽相同。例如，靠近桶壁的粒子，由于与桶壁的摩擦，流动速度应低于其他粒子，包膜循环次数和包膜时间就有所不同，单机生产肥料粒子总在同一轨道有序循环包膜，有可能产生各肥料粒子间包膜厚度不同、释放速度不同的现象。而连续型包膜机肥料粒子在反复出入包膜塔时，粒子互相摩擦掺混，在机器中位置移动较为频繁，可以混合得更为均匀，有利于肥料的包膜质量的提高。

包膜均匀度测试实验：在单塔非连续型包膜设备上制备 40、60 天溶出两种类型包膜尿素，同时在三塔连续型包膜设备上同样制备出 40、60 天溶出两种类型包膜尿素。以上 4 种控释包膜肥料，分别准确称取控释包膜尿素 5.0 克装入塑料窗纱制成的小袋中。放入装有 200 毫升蒸馏水的玻璃小瓶中在恒温箱中 25℃左右温度下浸泡，25℃水中溶出一周后测试其水中溶出率。每种类型 6 次重复，结果列于表 3-3。

表3-3 包膜均匀性测试

包膜机类型	肥料类型	溶出率（%）					
		1	2	3	4	5	6
非连续	40	15.3	17.1	16.2	18.8	16.2	17.4
非连续	60	11.5	13.6	11.5	15.7	15.2	11.2
连续	40	15.1	14.7	15.4	15.0	16.0	14.8
连续	60	10.3	11.0	11.7	9.6	12.1	11.1

40天溶出类型包膜尿素一周标准溶出率为14%。

60天溶出类型包膜尿素一周标准溶出率为9.3%。

计算其变异系数：$n=6$。

非连续40天类型　$CV=6.1\%$；非连续60天类型 $CV=6.8\%$。

连续40天类型　$CV=4.7\%$；连续60天类型 $CV=5.1\%$。

通过以上研究可以看出，非连续性包膜设备40天和60天两种肥料溶出变异系数均高于连续型包膜设备，说明连续型包膜设备包膜比非连续型包膜设备溶出更为均匀，包膜质量更好。另外，以连续型包膜设备包膜两种肥料其溶出率更接近于标准溶出率，而且低于标准溶出率，说明以连续型包膜设备包膜两种肥料中未包好的肥料比例较少，第一天溶出率较低，其质量更好。

②连续型肥料包膜设备对包膜肥料加工成本的影响。包膜肥料的加工成本是由单位生产量的原料消耗、能源消耗、人员消耗、管理费用、车间场地和设备折旧等费用组成（表3-4）。连续型肥料包膜设备的研制成功主要是在不提高以上各种费用的基础上，省去了由于断续生产所造成的停机装料、卸料中的时间损失，降低了由于停机造成的溶液和设备冷却引起的管道堵塞等故障。提高了设备单位时间的生产能力，这样相对降低了单位生产产品的各种消耗和费用，从而降低了生产成本。以控释包膜尿素生产为例见表3-5。

表3-4 包膜尿素生产成本估算

项目	用量	单价	价格（元/吨）
废塑料	5%	7千元/吨	350
溶剂	3%	9千元/吨	270
电	110千瓦时	0.7元/千瓦时	77
煤			50
人员工资		40元/吨	40
设备折旧		30元/吨	30
包装	20条	2.5元/条	50
企管、营销			30
其他			40
合计			930

表 3-5 连续生产包膜尿素生产成本估算

项目	用量	单价	价格（元/吨）
废塑料	5%	7 千元/吨	350
溶剂	2.5%	9 千元/吨	225
电	100 千瓦时	0.7 元/千瓦时	70
煤			40
人员工资		30 元/吨	30
设备折旧		25 元/吨	25
包装	20 条	2.5 元/条	50
企管、营销			30
其他			40
合计			860

包膜过程连续化后，可以降低成本 15%，产量提高 10%，降低包膜设备的故障率，提高产品质量。

连续型设备可实现肥料包膜的连续化生产，在生产过程中，喷动和气流、液流部分都可以实现连续化。研制的连续化设备克服了已有的连续包膜设备喷嘴位置影响溶液雾化、粒子循环影响包膜质量，设备包膜规模受到限制等不足。使用研制的连续化设备进行肥料包膜，可使得包膜质量得到保证，甚至质量有所提高。使用研制的连续化设备进行肥料包膜，可大幅度提高生产效率，降低成本 10%，提高产量 10%，降低包膜设备的故障率。

3.3.2.3 肥料包膜设备参数和加工工艺的确定

控释包膜加工过程中，包膜塔的尺寸、颗粒肥料粒径、肥料投入量、导管内风速、包膜液浓度、喷流速度不同包膜材料等都对包膜质量和产量有影响。了解关键参数及参数之间的关系，选择最佳生产工艺条件，可提高产量、降低成本、减少消耗（表 3-6 至表 3-8）。

表 3-6 工艺设备参数与包膜的关系

编号	塔径（毫米）	肥料粒径（毫米）	溶液喷量（升/分钟）	粒子包膜状态
1	900	1~3	2	良好
2	900	1~3	4	稍黏
3	900	2~5	2	良好
4	900	2~5	4	良好
5	1 200	1~3	4	循环差
6	1 200	1~3	8	黏结
7	1 200	2~5	4	良好
8	1 200	2~5	8	良好

从表 3-6 可以看出：①同样包膜条件下，粒径越小（5 毫米以下），包膜工艺越不易掌握。②同样包膜条件下，包膜塔直径越大，包膜难度越大。③大直径包膜塔，包裹颗粒

直径小于 1 毫米的肥料难度较大，包膜成本加大，产量大幅度降低。

表 3-7　工艺设备参数与包膜尿素溶出的关系

编号	干燥风速（米/秒）	干燥风温度（℃）	24 小时水中溶出率（%）
1	15	50	11
2	15	90	6
3	15	110	7
4	30	50	4
5	30	90	0.7
6	30	110	2

从表 3-7 可以看出：①同样包膜条件下，不同的干燥风速，包膜肥料养分溶出速度不同。②同样包膜条件下，不同的干燥风温度，包膜肥料养分溶出速度不同。干燥风速在 15～30 米/秒时，风速越高包膜效果越好，包膜干燥风的温度，以 90℃ 左右为宜。

表 3-8　不同的包膜材料与包膜尿素溶出的关系

编号	包膜材料	包膜率（%）	24 小时水中溶出率（%）
1	聚乙烯	6	7
2	聚乙烯	8	0.9
3	聚丙烯	4	12
4	聚丙烯	6	4

从以上研究可以看出，尿素在同样包膜条件下，同样的包膜率，聚丙烯比聚乙烯包膜肥料养分溶出速度慢。同时，研究中还发现聚丙烯虽然保水性能强于聚乙烯，但是由于同样溶液浓度时，溶液黏度不同，包膜时产量低于聚乙烯。

3.3.3　直线释放型聚合物包膜控释肥料包膜材料选择

3.3.3.1　控释肥料内核材质选择

（1）肥料品种的选择。由于肥料是被水分溶出树脂膜外的，所以凡是具有较好的吸湿性、分子较小的速效性肥料，如尿素、磷酸铵、氯化钾、硫酸钾、硝酸铵等，都可适用于控释肥料制造。但由于包膜成本较高，最好采用浓度较高的肥料进行包膜，可相对地降低成本。在中国北方地区，磷、钾在土壤中的损失较小，而氮素当季利用率低，大部分损失掉了。很少残留在土壤中，所以在本研究中，我们首先选择尿素作为包膜对象。

（2）肥料颗粒的选择。颗粒的直径由施肥方便和包膜经济效益决定，最好在 2～5 毫米，颗粒太小包膜量增加，经济效益下降；颗粒太大肥料在使用时不易施用均匀。

颗粒形状的优劣可用形状系数表示，其计算方法（S 的计算方法来自日本《LPCOT 的发明与开发》）为

$$S = \frac{1-U}{11.1 \times U^3} \qquad (3-2)$$

$$U = \frac{P_b}{P_p}$$

式中，S 为形状系数；P_b 为肥料密度；P_p 为粒子密度。

通过对尿素的实测得到的结果见表 3-9。

本研究测定结果显示，我国部分大型尿素厂涂布法生产的大颗粒尿素 S 值可达 0.87 以上，日本、美国的 S 值为 0.9 以上，国产大部分高塔造粒的小颗粒尿素 S 值不到 0.7。

肥料颗粒表面积的计算：肥料颗粒表面积实际受两个方面的制约，一是肥料粒径，二是各种粒径在肥料中所占的比例。在生产实际中，不同厂家生产出的肥料粒径可能不同，相同厂家不同时期生产的肥料粒径也可能不同。所以，要求对每一批肥料都要进行粒径的测定（表 3-9）。

表 3-9 形状系数与包膜效果的关系

形状系数	24 小时尿素溶出率（%）	效果
0.90	0.68	良好
0.73	0.73	良好
0.64	10.11	劣

注：溶出率为 25℃水中溶出结果。

3.3.3.2 控释肥料包膜材质选择

直线释放型聚合物包膜控释肥料是由热塑性树脂如聚乙烯、聚丙烯等树脂作为包膜材料的，将以上材料在有机溶剂中加热溶解，热溶液用高压泵喷到水溶性颗粒肥料上，在高压热风的作用下，将溶液瞬间干燥，直到肥料颗粒被树脂完全包裹，达到所需的厚度，即可以制造出肥料养分释放速率只依存与温度的控释肥料。

从理论上讲，只要是可以溶解于热溶剂下的树脂均可以作为肥料的包膜材料，但是还要考虑到树脂均一和成膜的难易，成膜后是否易于产生龟裂，成膜后的强度和柔韧性。表 3-10 为几种热塑性树脂的透湿性能。

表 3-10 常用树脂透湿性和透气性

树脂		透湿度 [克/（米²·天）]	气体透过度 [克/（米²·天·标准大气压*）]		
			CO_2	O_2	N_2
赛璐玢	普通		0.5~5	0.1~1	<0.3
	防湿	10~80	0.1~0.5	0.1	<0.3
橡胶		15~25	2~4	0.6~0.9	0.15
聚丙烯		8~12	25~35	5~8	

---

* 标准大气压为非法定计量单位，1 标准大气压=1.01×10⁵ 帕。

（续）

树脂		透湿度 [克/（米²·天）]	气体透过度〔克/（米²·天·标准大气压）〕		
			CO_2	O_2	N_2
聚乙烯	低密度	16～22	70～80	13～16	3～4
	高密度	5～10	20～30	4～6	1～1.5
聚氯乙烯	软质	25～90	10～40	4～16	0.2～8
	无可塑	25～40	1～2	0.5	
聚偏氯乙烯		1～2	0.1	0.03	<0.01
聚乙烯醇		100～400	0.02	0.01	
聚氨酯		22～30	0.2	0.8	
聚碳酸酯		40～50	1～7	0.1～1.5	
聚酰胺		120～150	0.1	0.03	
醋酸纤维素		400～800	50	7	2

（1）包膜树脂材料溶解性能。直线释放型聚合物包膜控释肥料是由热塑性树脂如聚乙烯、聚丙烯等树脂作为包膜材料的，这些材料在热溶剂中必须有很好的溶解性能，溶解性能的优劣，关系到肥料颗粒包膜时的工艺设置和材料包膜成膜的性能，表3-11中列出我们常用的几种包膜材料用树脂的溶解温度等溶解特性。

表3-11 树脂溶解性

树脂种类	溶解时间（分钟）	溶解温度（℃）	状态
低密度聚乙烯	30	90	良好
聚丙烯	50	125	良好
聚氯乙烯	120	130	黏稠
高密度聚乙烯	120	135	黏稠，流动性不好

从表3-11中我们可以看出，低密度聚乙烯溶解性能最好，溶解温度低，溶解时间短，溶解的溶液流动状态也好，比较容易制定肥料的包膜工艺。聚丙烯溶解性能也较好，形成的溶液状态较好。聚氯乙烯和高密度聚乙烯形成的溶液比较黏稠，在设备上包膜时，肥料粒子容易粘连，影响控释肥料的产量和质量。

（2）直线释放型聚合物包膜控释肥料释放速率的控制。直线释放型聚合物包膜控释肥料释放速率是用包膜厚度和包膜材料的成分控制的，包膜材料经常由几种材料混合而成，调节几种材料的配比，可以控制包膜肥料的养分释放速度。

①聚乙烯（PE）和乙烯-醋酸乙烯共聚体（EVA）的不同比例对高分子聚合物包膜控释肥料释放速率的影响。表3-12为调节聚乙烯（PE）和乙烯-醋酸乙烯共聚体（EVA）的比例，制成各种不同释放期的控释肥料。

表 3-12　PE 和 EVA 不同比例包膜尿素释放时间

包膜组成（%）		尿素释放 80% 的时间（天）
PE	EVA	
50	50	98
60	40	135
65	35	187
70	30	260
80	20	330
90	10	410
100	0	1 300

注：1. 包膜尿素的包膜率为 10%，含氮量为 42%。

　　2. PE，低密度聚乙烯；EVA，乙烯-醋酸乙烯共聚体（醋酸含量 30%）。

在表 3-12 中我们可以看出，EVA 的比例越高，包膜肥料养分释放速度越快。通过调整 PE 和 EVA 的比例，就可以得到我们所需要的释放时间的控释肥料。

②乙烯-醋酸乙烯共聚体（EVA）中醋酸根含量的不同对高分子聚合物包膜控释肥料释放速率的影响。在表 3-13 中我们可以看出，在相同的包膜率、相同的包膜配方下，乙烯-醋酸乙烯共聚体（EVA）中醋酸根含量越高，包膜肥料养分释放速度越快。通过添加不同的 EVA，可以达到控制释放时间的目的。

表 3-13　EVA 中醋酸根含量与包膜尿素释放时间关系

包膜组成 EVA 中醋酸根含量（%）	尿素释放 80% 的时间（天）
10	300
15	260
20	120
30	100
40	79

注：1. 包膜尿素的包膜率为 10%，含氮量为 42%。

　　2. EVA，乙烯-醋酸乙烯共聚体。

③表面活性剂含量对高分子聚合物包膜控释肥料释放速率的影响。

表 3-14　表面活性剂含量与包膜尿素释放时间关系

包膜组成包膜中表面活性剂含量（%）	尿素释放 80% 的时间（天）
0.5	95
1	90
2	85
5	65
10	30

注：1. 包膜尿素的包膜率为 10%，含氮量为 42%。

　　2. 包膜肥料膜组成：PE 为 50%，EVA 为 50%。

在表 3-14 中我们可以看出，在相同的包膜率、相同的树脂配方下，表面活性剂的添加量越高，包膜肥料养分释放速度越快。通过添加不同比例的表面活性剂，同样可以得到不同释放时间的控释肥料。

④滑石粉添加量对高分子聚合物包膜控释肥料释放速率的影响。研究使用低密度聚乙烯（PE）60%，乙烯-醋酸乙烯共聚体（EVA）40%，树脂在热溶剂中加热溶解，加入滑石粉，搅匀包膜，包膜率 5.5%。

表 3-15　滑石粉添加量对包膜尿素肥料释放速率的影响

样品序号	滑石粉含量（%）	尿素释放 80% 时间（天）
1	0	180
2	0.1	170
3	0.2	155
4	0.3	140
5	0.4	115
6	0.5	106
7	0.6	83
8	0.7	69
9	0.8	47
10	0.9	20

注：1. 包膜尿素在 25℃水中释放。

2. 滑石粉含量 $=\dfrac{滑石粉}{树脂+滑石粉}\times100\%$。

从表 3-15 中可以看出，在相同的包膜率、相同的包膜配方下，滑石粉的添加量越高，包膜肥料养分释放速度越快。通过添加不同比例的滑石粉，也可以得到不同释放时间的控释肥料。由于肥料包膜率很低，养分的释放速率对滑石粉的添加量很敏感，添加量稍有变化，肥料养分的释放速率变化很快。添加滑石粉除了可以引起养分的释放速率的变化，还会改变肥料养分释放速度的变化。因为前文提到，高分子聚合物包膜控释肥料养分释放是随着环境温度的变化而变化的，温度越高，肥料养分释放速度越快，反之，释放的越慢。例如，如果释放速度=2，肥料氮素在 25℃时释放时间是 30 天，在 35℃时释放时间是 30÷2=15（天），在 15℃时释放时间是 30×2=60（天）。

表 3-16 是滑石粉不同添加量对高分子聚合物包膜控释肥料的影响。

表 3-16　滑石粉添加量对包膜尿素肥料 Q_{10} 的影响

样品序号	滑石粉含量（%）	尿素释放 80% 时间（天）	Q_{10}
1	0	180	2.5
2	0.1	170	2.5
3	0.2	155	2.5

（续）

样品序号	滑石粉含量（%）	尿素释放80%时间（天）	Q_{10}
4	0.3	140	2.5
5	0.4	115	2.3
6	0.5	106	2.1
7	0.6	83	1.9
8	0.7	69	1.9
9	0.8	47	1.8
10	0.9	20	1.8

注：1. Q_{10} 为温度系数，即反应温度提高 10℃，其反应速度与原来反应速度之比。

2. 包膜尿素在 25℃ 水中释放。

（3）小结。

①选择树脂包膜材料溶解性能，这些材料在热溶剂中必须有很好的溶解性能，溶解性能的优劣，关系到肥料颗粒包膜时的工艺设置和材料包膜成膜的性能。

②在相同的包膜率、相同的包膜配方下，包膜材料的组分、包膜材料不同的配比、滑石粉的添加量、表面活性剂的添加量等因素都可以影响到肥料养分的释放速率。可以依据以上条件，适当地进行组合，生产出我们需要的释放速率的产品。

③不同的包膜材料的配方，可以改变聚合物包膜控释肥料的值，滑石粉添加量的不同对高分子聚合物包膜控释肥料的值有很大影响。

3.4　直线释放型控释肥料残膜对生态环境的影响及残膜降解的研究

树脂包膜控释肥料可以缓慢地释放肥料养分。但控释肥料外膜在养分释放完全后仍留在土壤中，这些树脂包膜残膜是否会对土壤、环境及植物营养等方面造成影响，令人担心。

本节将从包膜肥料残膜对土壤环境质量的影响、可降解膜包膜肥料的研制及土壤中肥料残膜的积累几个方面探讨包膜肥料残膜对土壤环境的影响及可降解肥料包膜的研制。

3.4.1　包膜尿素残膜对土壤性质和作物生长的影响

3.4.1.1　残膜对土壤外观的影响

选控释肥料残膜为直径 2～4 毫米的树脂小囊，将残膜按比例掺入一定量的土壤中，大部分仍呈圆形或被压瘪。因为残膜比一般的土壤颗粒明显大，如果露出土表，比较突出。在加入量少的时候，不明显；但随着土壤中加入量的增多，翻开土壤剖面会感觉土壤中侵入体很多，不太美观。1公顷土壤中每年施入包膜肥料225千克，树脂被膜占肥料总重量的8%，假如土中残膜不降解，或者降解速度很慢可以忽略。按照1公顷土地表土0.225万吨计算，土壤中达到一定的残膜量积累及所需的时间是非常缓慢的，膜土比（%）在0.2时，需要250年。

3.4.1.2 残膜对土壤容重的影响

将 0 克、2.5 克、5 克、10 克包膜肥料的树脂残膜分别掺入 5 千克干土中，混匀，装入直径 25 厘米、高 20 厘米的塑料盆，3 次重复，所用土壤为粉沙土和壤土。浇水到土壤田间持水量的 80%，2 个月后测土壤容重，结果见表 3-17。实验结果表明，在 0.1%含量以下，两种土壤容重变化均差异不显著，随着土壤中树脂膜含量的增加，土壤容重会有所下降。本研究中在含量 0.2%的情况下，粉沙土的容重明显降低，壤土容重变化不明显。

3.4.1.3 残膜对作物生长的影响

将一定量的包膜肥料树脂残膜分别掺入土中，3 次重复。用小麦、油菜、大白菜进行研究。所用土壤有壤土和沙土两种，本研究中对作物生长影响的研究结果与戴九兰等的研究结果基本一致。土壤中残膜浓度在 0.1%～0.2%范围时，对作物生长没有负面影响，甚至随着积累量的增加，还有增加作物产量的倾向。

树脂包膜肥料可以使用废旧的回收地膜或棚膜等材料制造。但其与树脂包膜肥料残膜的根本不同在于从施入土壤时起，残膜就是很小的颗粒，不会像地膜残片一样发生阻碍作物根系生长、影响土壤水盐运动等情况。但土壤的功能是多方面的，随着土壤中残膜量的增多，会让人感觉到有很多侵入体。所以，在保证对作物生长没有影响的前提下，尽量降低土壤中的残膜量，仍是研究可降解膜树脂包膜肥料的目标。

3.4.2 包膜尿素树脂膜田间土壤中降解的测定

试验设计：小麦肥原料；包膜尿素（含氮量：46%，包膜率：10.56%，释放期 50 天。）

（1）包膜肥料掩埋。准确称量供试包膜尿素 5.00 克，装入长 20 厘米、宽 5 厘米的尼龙网袋内，埋前在网袋内装入表层土与肥料混匀，然后埋入深 15 厘米的土中，共埋 50 袋，每次取 3 袋。取样时间为半年后、第一年后、第二年后、第四年后、第六年后。

（2）样品处理。肥料从土壤取出后，立即带回实验室将肥料颗粒表面的土壤洗净、擦干，然后用细针轻轻将肥料外膜层刺破，放出膜内残留的液体，再将肥料膜层浸泡水中，直至无肥料附着在膜层上，捞出晾干。

（3）电子显微镜扫描。采用高精度扫描电子显微镜日立 S4700 型（日本），任意选取 10 粒肥料，每粒肥料的外膜层扫描 3 个点，放大倍数 500～1 000 倍。扫描结果用 ImageJ Basics（Version 1.38）软件分析图像空隙比例。

研究结果表明，包膜尿素埋入土壤前的膜层空隙平均比例为 0.02%。埋入土壤半年后膜层扫描结果分析表明，膜层空隙平均比例为 0.32%，与埋入土壤前的结果相比，膜层空隙增大 16 倍。埋入土壤一年后膜层扫描结果，膜层空隙平均比例为 0.63%，与埋入土壤前的结果相比，膜层空隙增大 2 倍。

3.4.3 光降解树脂膜包膜肥料的研制与残膜降解

可降解高分子聚合物分为光降解型、生物降解型和光、生物双降解型三大类。由于太阳光的作用而引起降解的聚合物称为光降解聚合物。由真菌、细菌等自然界微生物的作用而引起降解的聚合物称为生物降解聚合物。光降解塑料制备方法大致有两种：一是在高分子材料中添加光敏感剂，由光敏感剂吸收光能后，所产生的自由基，促使高分子材料发生氧化作用后达到劣化的目的。另一种方法是利用共聚方式，将适当的光敏感剂导入高分子结构内赋予材料光降解的特性。

　　研究光降解型肥料包膜的原理在于，虽然肥料施入土中，残膜埋藏在土里，但随着耕翻等田间作业，部分残膜逐渐露出土面。由于在短时间内残膜不会对土壤性质和作物生长产生负面影响，加快露出土壤表面的残膜降解，达到土中残膜减量的目的。

　　日本窒素公司在 20 世纪 80 年代末 90 年代初开发了采用乙烯--氧化碳共聚物、乙烯-乙酸乙烯--氧化碳共聚物等作为包膜树脂组分的方法是通过在树脂分子中引入羰基，使撒在土壤中肥料的残膜快速降解。Masaru Shibata 等研究了光降解树脂包膜肥料的溶出特性及光降解残膜的生物分解性能。但在国内可降解膜树脂包膜肥料的研究相关报道较少。为降低包膜肥料成本，我们试制了添加光降解剂的树脂包膜肥料，并通过模拟试验对其降解性进行了研究。

3.4.3.1　光降解剂品种的选择及光降解树脂包膜肥料的制造

　　光降解塑料在紫外线的照射下发生高分子链断裂等反应，在树脂中添加光降解剂是制造光降解塑料的一种重要手段。文献中报道有效的光降解剂有铁、钴、镍、铈等过渡金属配合物、含双键的有机化合物等。考虑到肥料最终施入土壤中，应尽量避免用含有重金属元素等对土壤环境不利的试剂。将添加光降解剂的包膜用树脂材料，均匀喷在表面涂有尿素的瓷砖上，喷涂过程尽量模拟肥料包膜过程的条件。膜的厚度与包膜率为 8% 的树脂包膜肥料膜相同。根据《塑料　实验室光源暴露试验方法　第 2 部分：氙弧灯》（GB/T 16422.2—2014），在标准人工气候箱中照射 120 小时后，送检样品树脂膜在规定的辐照条件下，机械强度已几乎完全丧失。达到标准中规定的降解程度。采用添加光降解剂的树脂制成可降解膜包膜肥料，以不含光降解剂的同样的树脂材料制成包膜肥料作为对照。由于实际生产中树脂包膜材料中含有一定的矿质成分，因此，采用添加特选矿质材料的配方作为对照，制成包膜肥料，进行对比。

3.4.3.2　光降解树脂包膜肥料膜在自然光曝露下的降解

　　根据文献报道，高分子材料当分子质量降低到一定程度时，就可以达到生物降解的水平。但究竟分子质量降低到什么程度可以被生物降解，不同的文献中有不同的说法。李凤珍等报道，相对分子质量低于 4 000～4 500 时，光降解残膜碎片能被土壤微生物降解。Potts 等报道相对分子质量 500 以下的直链聚合物分子可以被多种微生物分解。Masaru Shibata 等以相对分子质量降低到 3 000 以下作为可以被微生物分解的界限。为了考察自制的可降解包膜材料在自然条件下的降解程度，将不同配方的树脂包膜肥料样品，放在几乎装满土的塑料盆中土壤表面。置于户外曝露 1 年。试验结束后取回肥料，将残膜洗净，采用 GPC 法测定试验前后膜材料分子质量的变化，几个样品的分子质量都明显降低。包括没有特别添加光降解剂的样品，分子质量也明显降低。高分子材料的降解是普遍存在的，只是降解速度大小不同。本研究中对照样品也有很大程度的降解，也许有矿物成分加快树脂膜降解的原因。从相对分子质量分布上看，添加光降解剂的样品，相对分子质量小于 3 000 的部分所占的比例，样品增加 16.9%～43.9%。而不添加光降解剂的对照样品，在户外曝露以后相对分子质量小于 3 000 的部分只占 8.6%。添加光降解剂的配方很明显地加快了树脂包膜材料的降解，达到了比较理想的效果。

3.4.3.3 残膜在土壤中降解速度的估算

在肥料实际施用时，由于一定量的肥料由相当多的颗粒组成，树脂残膜混在土壤中，分布的位置不同等，颗粒之间肯定存在降解程度不均衡的问题，有的颗粒降解快，有的颗粒降解慢。当耕翻土壤时，土垡先被掀起，然后落下，土垡破碎，包膜残膜从土壤颗粒中分离出来，由于土壤颗粒重，先落在下边，包膜肥料膜轻，后落下，最终会有一部分浮在土壤表面。经模拟试验，浮在土壤表面的树脂残膜在 10% 以上。在自然光照射下，露出土壤表面的肥料包膜的性能会受到很大损坏。根据参考文献，我们在此以相对分子质量降低至 3 000 以下作为可以被微生物降解的界限，认为相对分子质量低于 3 000 就是完全降解。假设土壤中一年施入树脂包膜肥料，肥料溶出后残膜总量为 A。其中每年都有一定比例露出土表并被降解。假设每年耕翻土壤时肥料残膜露出土壤表面比例为 a，露出部分中降解率为 b，那么每年的降解量为 D，第一年的降解量为 D_1，第二年的降解量为 D_2，依此类推。那么一批肥料施入土中，施肥后第 n 年残膜的降解量 D_n 可以用式（3-3）表示，n 年的降解总量为每年降解量的总和可以用式（3-4）表示。

$$D_n = A(ab - a^2 \times b^2 + a^3 \times b^3 - a^4 \times b^4 + \cdots + a^{n-1} \times b^{n-1} - a^n \times b^n)$$

$$（3-3）$$

$$\sum D = D_1 + D_2 + D_3 + \cdots + D_n \qquad （3-4）$$

假设每公顷土壤中每年施入包膜肥料 225 千克，树脂膜占肥料总重量的 8%，那么一年施入土壤中的膜量为每公顷 18 千克，按照每公顷地表土 225 万千克计算，18 千克的残膜微乎其微。但为了知道肥料残膜的降解速度，在此可以估算一下。

我们假设每年耕翻土壤时有 10% 的肥料残膜露出土壤表面，即 $a=0.1$。其中相对分子质量降到 3 000 以下的部分被降解，而埋在土壤中的部分的降解在此忽略。根据分子质量的测定结果残膜在土壤中的降解速度见表 3-17。

表 3-17　不同配方树脂包膜肥料残膜降解所需年限

项目	降解50%	降解67%	降解80%	降解90%
对照（年）	58	78	93	105
样品1（年）	30	40	48	54
样品2（年）	12	16	19	21
18千克残膜在土壤中残留量（千克）	9	6	3.6	1.8

3.4.3.4 残膜在土壤中积累程度的估算

如果每年施用树脂包膜肥料，树脂包膜肥料残膜会年复一年在土壤中积累。如果残膜不降解，随着时间的推移土壤中的残膜不断增多。为了估测耕作多年以后肥料残膜对土壤的影响，土壤中残膜的积累总量估算如下：

在此我们仍然以相对分子质量降低至 3 000 作为被微生物完全降解的界限，相对分子质量高于 3 000 的部分为土壤中积累的量。假设 n 年耕作终了时，土壤中存在的相对分子质量在 3 000 以上的树脂膜量为 P_n，每年耕作使包膜肥料膜露出地面部分比例为 a，其中由于自然因素使树脂膜相对分子质量降到 3 000 以下的比例为 b。假设每年年初由于施肥使土壤中的树脂成分的增加总量为 A，新加入部分相对分子质量低于 3 000 的量很少，均忽略。

那么，n 年耕作终了时，土壤中残留的树脂膜的量 P_n 符合式（3-5）关系：

$$P_n = A [1 - (1 - ab)^n] (1 - ab) / ab \qquad (3-5)$$

$n+1$ 年耕作终了时，土壤中残留的树脂膜的量 P_{n+1} 符合式（3-6）关系：

$$P_{n+1} = (A + P_n) (1 - ab) \qquad (3-6)$$

假设每公顷土壤中每年施入包膜肥料 225 千克，树脂被膜占肥料总质量的 8%，那么每年施入土壤中的膜量为每公顷 18 千克。假设每年由于耕作露在土壤表面的包膜肥料膜占土壤中总量的 10%，一年间曝露在土壤表面的膜由于日光照射等原因，相对分子质量降到 3 000 以下的占总量的 30%，即 $A = 18$ 千克/公顷，$a = 0.1$，$b = 0.3$。每年残膜有一定量的降解，然后又有 18 千克的量被新加入土壤。根据以上公式，n 年耕作终了时膜的残留量见式（3-7）。

$$P_n = 582 (1 - 0.97^n) \qquad (3-7)$$

随着一年年耕作施肥，土壤中积累的膜量逐年增加，每年发生降解的总量也在增加。从式（3-5）至式（3-7）可以看出，随着耕作施肥年限的增加，残膜的累积曲线为抛物线，到一定年限后积累的最大量趋于一个固定的量。最大量的多少决定于 a、b、A。按照日光下照射后相对分子质量变化试验中 3 个样品的试验结果，估算残膜在土壤中的积累情况，结果见表 3-18。

表 3-18 树脂包膜肥料残膜在土壤中积累情况的估算

项目	积累量随使用年限 n 变化	积累最大量不超过（千克/公顷）	在土壤中比例小于（%）
对照	$2\ 075 (1 - 0.991\ 4^n)$	2 075	0.092
样品 1	$1\ 047 (1 - 0.981\ 3^n)$	1 047	0.046
样品 2	$392 (1 - 0.956\ 1^n)$	392	0.017

单纯添加矿物质，不特别添加降解剂的配方，残膜在土壤中的积累浓度也不会超过 0.1%，不会达到对作物生长产生危害的程度。添加光降解剂的配方，残膜在土壤中可能达到的最大积累浓度可以低于 0.017%。根据模拟强化试验，土壤中 0.1% 的残膜含量对作物生长不会带来不良影响。但从减少土壤中侵入体的角度来讲，应尽量降低土壤中残膜的含量，应用可降解树脂包膜材料还是很有必要的。

本研究中不同配方在户外降解程度是在完全曝露在日光下的情况下得出的。树脂膜在自然环境中的降解是在光、热、水、化学作用、机械力等多种因素综合作用下的结果，有些影响会加快，有些作用会减缓包膜树脂膜的降解速度。在具体的种植条件下肥料树脂包膜的降解与积累情况还有待于单独的验证。随着新材料的快速发展及材料成本的降低，研究完全生物降解型树脂材料包膜肥料可能是彻底解决肥料包膜树脂残膜的一种途径。

3.5 直线释放型聚合物包膜控释肥料释放速率测试方法和评价

3.5.1 包膜控释肥料释放速率人工模拟测试

由于土壤中影响肥料有效释放速度的因素很多，如土壤水分、pH、温度、微生物、土壤质地等，在大田中，这些条件人为很难控制，所以，观察和测试这些条件对控释包膜肥料的影响程度，要在实验室中进行。

3.5.1.1 测试方法

包膜尿素肥料施入土壤后养分溶出速度的测试，主要在实验室中进行，在实验室中模拟土壤的各种环境条件下进行肥料的溶出试验。溶出试验分为水中溶出和土壤中溶出两部分。

水中养分溶出试验：准确称取包膜尿素 5.0 克装入塑料窗纱制成的小袋中，重复 3 次，放入装有 200 毫升蒸馏水的玻璃小瓶中在恒温箱中，分别在 15℃、25℃、35℃时恒温放置，浸泡时间在 24 小时、3 天、7 天、14 天、……时取出小袋换瓶浸泡，直至肥料养分溶出达 80％以上。测定换出的瓶里水中溶出养分浓度，折算溶出含量。

3.5.1.2 土壤中养分溶出试验

（1）试验处理。土壤中溶出试验条件选择壤土、细沙土两种土壤，15℃、25℃、35℃ 3 种温度，两种土壤含水量为田间持水量的 40％、70％，共 12 个处理，见表 3-19。

表 3-19 试验处理组合

处理编号	土壤质地	田间持水量（％）	溶出室温（℃）
1	沙土	70	15
2	沙土	70	25
3	沙土	70	35
4	沙土	40	15
5	沙土	40	25
6	沙土	40	35
7	壤土	70	15
8	壤土	70	25
9	壤土	70	35
10	壤土	40	15
11	壤土	40	25
12	壤土	40	35

（2）试验步骤。土壤风干过 1 毫米土壤筛，称取约 250 克土壤放入瓶中。称取肥料样本 2.5 克与土壤混合，调成不同含水量放置在不同温度下。每处理做 20～30 瓶。放置 1 天、3 天、7 天、半个月、1 个月……每处理取样本 2～3 瓶过 1 毫米土壤筛筛出肥料，测定肥料中残留养分，用差减法即可得到土壤中释放养分量，绘制不同条件下、不同尿素包膜配方的溶出曲线，比较不同土壤条件下不同配方溶出速度。每一种标准的配方或工艺生产的肥料，都要进行上述试验。并以此为依据，进行包膜材料配方调整，制订施肥方案，使之溶出曲线与作物需肥相吻合，以适应不同作物需要。

3.5.1.3 不同土壤水分条件下控释包膜尿素溶出速度比较

肥料选用溶出速度为 60 和 120 天（25℃）的包膜尿素，土壤质地为壤土，土壤水分为田间最大持水量的 40%、70% 和水中浸泡 3 种。溶出结果见表 3 - 20。

表 3 - 20 不同土壤水分条件下控释包膜尿素溶出速度比较

包膜尿素溶出速度	水分	累计溶出率（%）						
		1 天	1 周	2 周	4 周	8 周	12 周	17 周
60 天	40%	4.2	12	22	49	76		
	70%	3.4	15	22	48	79		
	水中	5.1	13	22	51	75		
120 天	40%	2.9	6.2	11.4	22.8	39.4	64.4	77.2
	70%	1.9	7.0	11.5	20.9	20.9	65.5	79.5
	水中	5.4	5.4	11.0	22.3	22.3	63.2	78.5

从表 3 - 20 中我们可以看出，相同肥料不同土壤含水量尿素溶出速度差异不明显，可从中得出结论，土壤含水量 40% 以上时，肥料养分溶出速度无明显变化。

3.5.1.4 不同土壤质地条件下控释包膜尿素溶出速度比较

肥料选用 60 天（25℃）溶出速度的控释包膜尿素，土壤质地为壤土、粉沙土，土壤水分为田间最大持水量的 70%，溶出结果见表 3 - 21。

表 3 - 21 不同土壤质地控释包膜尿素溶出速度比较

土壤质地	累计溶出率（%）				
	1 天	1 周	2 周	4 周	8 周
壤土	4.2	12	22	49	76
沙土	4.0	10	19	51	78

从表 3 - 21 中我们可以看出，相同肥料不同土壤质地尿素溶出速度差异不明显，可从中得出结论，不同土壤质地肥料养分溶出速度无明显变化。

3.5.1.5 不同土壤 pH 条件下控释包膜尿素溶出速度比较

肥料选用 60 天（25℃）溶出速度的控释包膜尿素，土壤 pH 为 7.8、6.2，土壤水分为田间最大持水量的 70%，溶出结果见表 3 - 22。

表 3 - 22 不同土壤 pH 控释包膜尿素溶出速度比较

土壤 pH	累计溶出率（%）				
	1 天	1 周	2 周	4 周	8 周
7.8	4.2	12	22	49	76
6.2	4.5	13	24	52	77

从表 3-22 中我们可以看出，相同肥料不同土壤 pH 尿素溶出速度差异不明显。可从中得出结论，不同土壤 pH 肥料养分溶出速度无明显变化。

3.5.1.6 种植作物条件下对控释包膜尿素溶出速度的影响

肥料选用 120 天（25℃）溶出速度的控释包膜尿素，室温条件下土壤质地为壤土，土壤水分保持湿润，种植小麦和不种植小麦出苗后 3 周测尿素溶出率，结果列于表 3-23。

表 3-23   种植作物对尿素溶出速度的影响

项目重复	溶出率（%）			
	1	2	3	平均
种植小麦	18.6	16.7	18.9	18.1
不种植小麦	19.7	18.0	17.5	18.4

从表 3-23 中我们可以看出，相同肥料种植作物与不种作物溶出速度差异不明显，可从中得出结论，在同一温度条件下种植作物与否对肥料养分溶出速度无明显影响。

3.5.1.7   不同土壤温度条件下控释包膜尿素溶出速度比较

肥料选用 40 和 120 天（25℃）溶出速度的控释包膜尿素，放置在 15℃、25℃、35℃温度下水中溶出。结果列于表 3-24。

从表 3-24 中我们可以看出，相同肥料不同溶出温度尿素溶出速度差异很显著，可从中得出结论，土壤温度变化对养分溶出速度影响很大。土壤温度变化对养分溶出速度影响程度的大小可人为调整。

表 3-24   不同温度条件下控释包膜尿素溶出速度比较

包膜尿素溶出速度	温度（℃）	累计溶出率（%）						
		1 天	1 周	2 周	4 周	8 周	12 周	17 周
40 天	25	3.2	14.7	30.8	63.3	84.4		
	35	5.1	27.9	52.0	91			
120 天	15	0.9	3.9	10.1	14.3	22.7	31.0	39.8
	25	1.6	5.4	11.0	22.3	42.1	63.2	78.5
	35	1.1	10.4	21.5	31.7	51.7	72.2	91.5

综上所述，我们的实验证实了在作物的生长环境中，控释肥料的释放速度一般不受土壤中其他环境因素的影响，只受土壤温度的控制，易于人为控制。

另外，作物的生长受温度的影响很大，在一般情况下，作物在温度较高的环境里生长较快，需养分较多，在温度较低的环境里生长较慢，需养分较少。特别是在较寒冷地区和早春作物，尤其如此。因此，以温度控制肥料的养分溶出速度，更易调整其养分释放与作物需肥的吻合，以达到提高肥料利用率的目的。

3.5.1.8　控释包膜尿素溶出曲线

肥料选用 60 和 120 天（25℃）溶出速度的控释包膜尿素，放置在 25℃下，水中溶出。结果列于表 3 - 25。

表 3 - 25　控释包膜尿素溶出曲线

包膜尿素溶出速度	累计溶出率（%）								
	1 天	1 周	2 周	3 周	4 周	5 周	6 周	7 周	8 周	17 周
60 天	3.3	14.7	30.8	48.3	61.1	70.6	75.6	79.5	84.0	
120 天	1.6	5.4	11.0		22.3		35.5		42.1	78.5

用一元二次回归方程式计算上述两种肥料在各个溶出率时的溶出公式。

60 天溶出类型的溶出曲线公式为

溶出率为 80% 时，$Q=-1.203+2.809D-0.0231D^2$　$N=10$　$R=0.998$　（3 - 8）

溶出率为 70% 时，$Q=-0.972+2.733D-0.0207D^2$　$N=8$　$R=0.998$　（3 - 9）

溶出率为 60% 时，$Q=0.01+2.256D-0.00185D^2$　$N=7$　$R=0.998$　（3 - 10）

120 天溶出类型的溶出曲线公式为

溶出率为 80% 时，$Q=-0.365+0.873D-0.00179D^2$　$N=10$　$R=0.9991$

（3 - 11）

溶出率为 60% 时，$Q=0.00+0.7595D-0.000165D^2$　$N=7$　$R=0.9997$

（3 - 12）

式中，Q 为尿素累计溶出率，D 为溶出时间，N 为样本数，R 为相关系数。

从式（3 - 8）至式（3 - 12）的相关检验可以看出，理论公式与实测值相关性极其显著，通过理论公式可以推算其溶出速度。

从式（3 - 8）至式（3 - 12）的系数看，在尿素溶出率由高向低越接近 60% 时，公式的二次项负值的绝对值越小，这说明尿素溶出率由高向低越接近 60%，曲线向下弯曲的程度越小，曲线越接近直线。控释包膜肥料是以溶液的形式溶出膜外的，理论上说，25℃时尿素的饱和水溶液浓度是 40% 左右，在尿素溶出 60% 以下时，膜内尿素是以饱和溶液形式溶出的，溶出曲线呈直线。在尿素溶出 60% 以上时，膜内尿素是以非饱和溶液形式溶出，溶出率越大，膜内溶液浓度越小，其溶出曲线则越向下弯曲。

3.5.1.9　包膜均匀性测试

取 40、60、120 天溶出 3 种类型包膜肥料，25℃水中溶出一周后测试其溶出率，每种类型 6 次重复，结果列于表 3 - 26。

表 3 - 26　包膜均匀性测试

肥料类型	溶出率（%）					
	1	2	3	4	5	6
40 天	15	14.9	16.2	15.7	16.2	15.4
60 天	12.5	11.8	12.5	12.7	11.4	12.4
120 天	5.1	4.7	5.4	5.0	5.0	4.8

计算其变异系数：40 天类型，$CV=3.6\%$；60 天类型，$CV=4.1\%$；120 天类型，$CV=4.8\%$。

通过以上测试，我们可以看到，3 种肥料的重复误差均在 5% 以下，在田间施用不会造成太大误差。而且，以上误差还包括测定误差在内，测定基数越小，测定误差比例就越大，对变异系数影响也越大。由此可以看出，我们的包膜机包膜效果还是很好的。

3.5.2 静态水中养分释放测定法

此方法是将肥料放入水中在一定温度下恒温静置，隔一段时间取水溶液测定溶液中肥料释放量，计算肥料养分达到某一释放百分比的时间。此种方法适用于聚合物和硫黄等疏水材料包膜的控释肥料，而不适用于用化学方式合成的缓释肥料，特别是脲醛类肥料。

欧洲标准委员会（CEN）提出了评价控释肥料应具备较为具体的标准：即肥料浸泡在水中 25℃ 条件下：①肥料中养分 24 小时释放不大于 15%；②28 天内肥料养分释放不超过 75%；③在规定的时间内，养分释放率不低于 75%。

Blouin 等 1971 年提出 7 天溶出率方法，用于硫黄包膜尿素（SCU）和聚合物包膜尿素控释肥料的常规测定，该法是在 25℃ 水中 7 天内每天测定水中尿素溶出浓度，以确定养分释放速度。

日本（1983）提出控释肥料溶出率测试方法，聚合物包膜控释肥料在恒温箱中 30℃ 放置，1 天、3 天、7 天……测定提取液中铵态氮、水溶性磷、水溶性钾等养分的含量。

美国 Scotts 公司和以色列 Haifa 化学工业公司以肥料养分在 21℃ 水中释放至 80% 作为聚合物包膜肥料 Osmocote Multicote 释放期评价标准。

日本 Chisso 公司以肥料（Nutricote、Meister）养分在水中 25℃ 释放至 80% 作为聚合物包膜肥料释放期评价标准。

我国 2007 年发布的缓控释肥料行业标准 HG/T 3931—2007，基本参照了欧洲标准委员会（CEN）提出的评价缓控释肥料的 3 个标准，即肥料浸泡在水中 25℃ 恒温条件下（表 3 - 27）：①肥料中养分 24 小时释放不大于 15%；②28 天内肥料养分释放不超过 75%；③在标定的时间内，养分释放率不低于 80%。

表 3 - 27　缓控释肥料的要求

项　　　目		指　标	
		高浓度	中浓度
总养分（$N+P_2O_5+K_2O$）的质量分数（%）	≥	40.0	30.0
水溶性磷占有效磷的质量分数（%）	≥	70	50
水分（H_2O）的质量分数（%）	≤	2.0	2.5
粒度（1.00~4.75 毫米或 3.35~5.60 毫米）（%）	≥	90	
养分释放期（月）	=	标明值	
初期养分释放率（%）	≤	15	

（续）

项目		指标	
		高浓度	中浓度
28 天累积养分释放率（%）	≤	75	
养分释放期的累积养分释放率（%）	≥	80	
中量元素单一养分的质量分数（以单质计）（%）	≥	2.0	
微量元素单一养分的质量分数（以单质计）（%）	≥	0.02	

1. 三元或二元缓控释肥料的单一养分含量不得低于 4.0%。
2. 以钙镁磷肥等枸溶性磷肥为基础磷肥并在包装袋上注明为"枸溶性磷"的产品、未标明磷含量的产品、缓控释氮肥及缓控释钾肥，"水溶性磷占有效磷的质量分数"这一指标不做检验和判定。
3. 三元或二元缓控释肥料的养分释放率用总氮释放率来表征；对于不含氮的二元缓控释肥料，其养分释放率用钾释放率来表征。缓控释磷肥的养分释放率用磷释放率来表征。
4. 应以单一数值标注养分释放期，其允许差为 15%。如标明值为 6 个月，累积养分释放率达到 80% 的时间允许范围为 6 个月±27 天；如标明值为 3 个月，累积养分释放率达到 80% 的时间允许范围为 3 个月±14 天。
5. 包装容器标明含有钙、镁、硫时检测中量元素指标。
6. 包装容器标明含有铜、铁、锰、锌、硼、钼时检测微量元素指标。
7. 除上述指标外，其他指标应符合相应的产品标准的规定，如复混肥料（复合肥料）、掺混肥料中的氯离子含量、尿素中的缩二脲含量等。

3.6 生产成本与效益分析

3.6.1 生产成本与效益分析

以连续生产包膜尿素为例，其生产成本见表 3-5，其效益分析如下。尿素为 1 800元/吨，考虑吨毛利在 400 元左右，包膜尿素销售价格为：

$$1\ 800+400+860=3\ 060（元/吨）$$

包膜尿素用于水稻或肥料养分流失严重地区，在专用肥料中掺入 50% 的包膜尿素即可节省氮肥 1/3 以上，则

$$（3\ 060×0.5+1\ 800×0.5）×2÷3=1\ 620（元）$$
$$1\ 800-1\ 620=180（元）$$

使用包膜尿素肥与普通尿素价格基本持平，略有盈余。如果再计算一次施肥节省的劳力和环境效应，则控释肥料与普通肥料相比具有较大的优势。

3.6.2 盈亏平衡分析

普通包膜尿素平均售价 3 060 元/吨左右，在一套包膜设备年生产能力 1 500 吨时，计算年固定生产总额（包括设备折旧、企管、营销、其他等费用）为 19 万元，单位变动成本（原材料、临时工工资、包装、动能消耗等）为 2 605 元/吨，用代数确立盈亏平衡点。

（1）以实际单位表示。以年生产量为指标的盈亏平衡点用 BEP（CI）表示。

BEP（CI）＝年固定成本总额/（单位销售价－单位变动成本－其他固定消耗）

$$190\ 000/（3\ 060-2\ 605）\approx417.6（吨）$$

以上表示当年产量为 417.6 吨时为盈亏平衡点。产量小于 417.6 吨时企业亏损，大于 417.6 吨时企业盈利。

（2）以销售收入表示。以年销售收入为指标的盈万平衡点，用 BEP（F）表示。

$$BEP（F）=BEP（CI）\times单位产品价格$$

$$3\ 060\times417.6=1\ 277\ 856（元）$$

（3）以生产能力利用率表示。以年生产毛利润为指标的盈亏平衡点用 BEP（V）表示。

$$BEP（V）=年固定成本总额\times100\%/（销售收入-变动成本总额）$$

$$190\ 000/（1\ 285\ 200-287\ 700）\approx19\%$$

$$100\%-19\%=81\%$$

由以上分析可以看出，该项目保本销售量为 417.6 吨，年保本销售额为 127.8 万元，生产能力年保本利用率为 19%，安全盈余 81%，能够适应市场较大变化。

4 曲线释放型聚合物包膜控释肥料

4.1 曲线释放型聚合物包膜肥料概念、意义及国内外研究现状

4.1.1 概念

拥有先进控释技术的发达国家在曲线释放型控释肥方面做出了有益的探索，同时对曲线释放型控释肥料作了如下定义：如日本发明专利（JP2000-185991；JP2004-217434）定义为①肥料在一定时期内溶出受到抑制，此时期过后开始快速溶出；②包膜肥料在25℃水中肥料溶出率累计达到 5% 的时间为抑制期，此后到累计溶出 80% 的时间为溶出期；③抑制期与溶出期之比大于 0.2～0.3，符合上述条件的溶出模式即为曲线释放型控释肥料。

根据曲线释放型控释肥的释放特点，整个养分释放过程可分为 3 个阶段：初始阶段，养分释放非常缓慢，几乎没有养分释放，此阶段称为养分释放滞后期或抑制期；滞后期（或抑制期）过后，养分释放迅速加快，称为养分加速释放的直线期或养分释放期；以后养分释放减慢，通常称为衰减期。

由于曲线释放型控释肥初期养分溶出率极少，因此在某些作物上施用这类肥料时，可以将其与种子或根系大量或全量接触施用，促进作物根系对溶出养分的高效吸收，这种高效的施肥模式称为同穴施肥或接触施肥。

理论上，单独施用曲线释放型控释肥或与其他缓释肥料及速效性化肥按特定比例配伍，可以配制出某些特定作物的专用肥，这种专用肥的养分释放和供给模式可与作物的需肥规律高度吻合，实现养分释放与作物需求同步，从而实现养分利用效率的最大化和环境友好。而且该肥料可以采用作物全生育期一次性基施，与普通化肥及其相应的施肥措施相比，在保证作物不减产甚至不同程度增产前提下，这类控释专用肥具有减少追肥、减轻环境污染、节约肥料用量、改善作物品质和最大限度提高肥料利用效率等优势。

4.1.2 研发曲线释放型包膜肥料的意义

（1）提高肥料利用率。曲线释放型控释肥可以适时适量地释放养分，使肥料养分释放与作物养分吸收保持同步，减少肥料损失，从而大幅度提高肥料利用率，节约肥料。

（2）减少环境污染。曲线释放型控释肥由于养分释放与转化同时进行，因而能减少养分损失，有效降低对大气、土壤和地下水的污染风险，是一种环境友好型肥料。

（3）减少养分固定。土壤中由于"固定"作用降低了土壤溶液中的养分浓度，从而导致养分有效性降低。一次施入大量速效养分易造成养分有效形态迅速减少。所以控制养分发生"固定"可增加它们的有效性。Shaviv 等（1989）研究发现，与施用传统的颗粒磷肥相比，施用包含氮、磷、钾的控释肥的植物体中，磷素的积累较多。Mortvedt 等试验

表明，控制肥料中的养分释放还可以增加铁的有效性。

（4）节省人力物力。由于曲线释放型控释肥具有养分延迟释放的特征，因此在适合播种时或在作物移栽时全量施用可减少作物在关键时期追肥的麻烦，减少了时间投入及追肥所需的劳动力投入，降低了生产成本。

综上所述，曲线释放型控释肥是一种可以提高肥料利用率、节本增效、环境友好的新型肥料，是未来肥料发展的方向之一。

4.1.3　国内外曲线释放型控释肥的研究进展与展望

1990 年，日本窒素公司（Chisso Corporation）在世界上首次研制出曲线释放型包膜控释尿素（POCUS），随后相继开发出具有曲线释放的聚烯烃包膜肥料，陆续有一批曲线释放型控释肥制造的专利公开，如 JP2000 - 185991、CN1749220A、JP2004 - 217434 和 JP2005 - 10098696.7，并实现产业化且上市销售。ASAHI CHEM 公司也相继有一批专利公开，如 JP2000 - 239090 和 JP2002 - 234790。这些专利公开的曲线释放型专利技术，在养分溶出控制上均做出了十分有益的探索，与欧洲标准相比，日本的曲线释放型控释肥在养分释放上更加严格，更加与作物的养分需求规律相吻合，所以应用范围更加广阔，使用效果更加明显。如用做水稻育秧、接触施肥免追肥等对于提高养分吸收效率、减少养分运移距离、提供养分合理供应强度（包括苗期养分的合理供应）、降低由于耕层养分向下淋洗造成地下水污染危险起到真正的促进作用。但也存在着包膜成本高的问题。

日本控释肥年施用量从 1983 年的 2 903 吨上升到 1997 年的 34 476 吨，其中曲线释放型控释肥的研制成功对此作出了巨大贡献。20 世纪 80 年代后期，日本爱知县的农学家试图开发基于直线释放型控释肥的水稻全生育期一次性基施专用肥料，但是由于这种肥料的养分释放模式与水稻的累积过程不一致而不能实现氮肥利用效率的最大化。1992 年以前，这种专用肥料很少推广，曲线释放型控释肥开发成功后，上述科学家开发出养分释放模式与水稻吸收规律一致的全生育期一次性基施专用肥料（由速效性肥料、释放期较短的直线释放型控释肥和释放期较长的曲线释放型控释肥组成），带来了施肥技术的革命。截至 1999 年，当地 40％以上的水稻均施用这种控释专用肥料，除水稻外，含有 S 型控释肥的控释专用肥在草莓、蔬菜和茶树等作物上采用一次性基施，试验效果均非常明显。此外，根据 S 型控释肥抑制期内养分溶出极少的特点，日本科学家发明了移栽稻穴盘育苗时用 S 型控释肥进行接触施肥的新施肥技术，在水稻产量和品质略有增加的情况下，这种控释肥的氮肥利用率达到 85.4％，而硫酸铵（基施加一次追肥）的利用率仅为 23.4％，带来了施肥技术的革新。

1997 年，北京市农林科学院植物营养与资源研究所沿着世界肥料发展方向，在 L 型控释肥料（包膜尿素）的研发上取得了重大突破，其生产成本大大低于国外同类产品，产品广泛应用于大田粮食作物，在国内同行中处于领先地位。1999 年，在 L 型控释肥基础上开始研发曲线型控释肥，针对曲线型控释肥前期养分溶出受到抑制和中后期加速释放的特点，在广泛收集和研究国外发达国家在 S 型控释肥研究领域的最新研究进展，通过优化改造现有喷流包膜系统，解决了包膜过程中容易出现的膜在肥料颗粒表面分布不匀、溶剂挥发不彻底和包膜肥料容易出现初期溶出率过高等问题。为了保证曲线型控释肥在前期的溶出充分抑制及养分在抑制期结束后的加速释放，经过广泛筛选和大量实验，得到了一种基于废旧塑料为主要包膜材料的曲线型控释肥包膜材料配方及相关生产工艺，目前已进入批量生产阶段。

目前，美国是世界最大的缓控释肥消费国，约占世界总用量的60％，日本约占20％，西欧和以色列约占15％，其他国家约占5％。在日本，大多数控释和缓释肥用在农业上，主要是种植蔬菜、水稻和水果，仅一小部分用于草坪和观赏园艺。在美国和欧洲，约占总量的90％是用于高尔夫球场、苗圃、专业草坪和景观园艺，仅有10％用于农业，如蔬菜、草莓、柑橘和其他水果上。

我国以前应用控释肥主要依赖进口。主要品牌有美国的 Osmocote、Osmocoteplus，日本的 MEISTER、Nutricote，以色列的 Multicote 等包膜控释肥料，市场售价都在每吨万元以上。2004年，我国化肥产量达到4 519.79万吨，年消耗量超过4 500万吨，占世界化肥总消耗量的30％左右，但化肥平均利用率却比发达国家低10～20个百分点。因而发展控释肥料，尤其扩大与植物养分吸收同步的曲线型控释肥的施用量是推动农业生产可持续发展的有效措施之一。但是不同类型土壤的养分状况和供肥能力存在差异，不同作物的营养特性也有变化。因而应针对具体土壤和作物开发相应的控释专用肥以达到提高肥料利用率、减少环境污染的目的。

4.2　曲线释放型控释肥的养分释放机制与包膜材料的选择

4.2.1　养分释放的机制

包膜肥料的养分释放可通过膜层的渗透和扩散进行。很多学者对包膜肥料养分释放机制进行了研究。Kochba 等提出包膜肥料养分释放机制是水蒸气通过疏水膜向颗粒内的扩散，随后包膜破裂或膨胀，这两方面的作用又促使包膜颗粒内饱和溶液外流。Goertz 将包膜破裂养分迅速释放的方式称为"破裂机制"；Raban 将肥料中的养分在浓度或压力梯度推动下，通过扩散而释放的方式称为"扩散机制"。

控释肥料是一种贮库型控释系统，肥芯养分通过包膜层释放是建立在囊化物质溶解渗透扩散理论基础上的。曲线释放型控释肥料是目前控释肥料中养分释放控制最严格、最精确的包膜肥料产品。在这种精确的包膜肥料产品中将抑制养分释放与加速养分释放两种相互矛盾的机制融入一个肥料颗粒中，按照时间顺序，依次启动这两种养分控制释放机制。按照曲线释放型控释肥的定义将养分释放分为3个阶段（图4-1）。第一阶段，养分释放滞后阶段，在这个阶段中，养分释放受到充分抑制，释放速率和释放强度均较低；第二阶段，养分持续释放阶段，这个阶段养分释放较滞后阶段迅速加快，养分呈直线形释放；第三阶段，衰退阶段，养分释放速率和释放强度又逐渐变慢。具体的养分释放过程为：肥料进入溶出介质（水或土壤）时，抑制机制启动，使得养分溶出受到限制，外界水分难以进入膜内，与线性肥料相比，养分溶出极大地减少，从而形成抑制期。随着时间的推移，加速溶出机制启动，水分（水蒸气）通过包膜渗透进入肥料颗粒内部，并使之部分溶解，包膜内部形成一定的饱和溶液时肥料养分开始释放，形成快速溶出期，只要饱和溶液的浓度保持不变，持续释放过程就会一直保持下去，而持续不变的浓度梯度和压力梯度为养分的溶出提供了一种动力。由于释放养分而排空的空间被不断进入包膜内部的水分所占据，所以当包膜内的肥料完全溶解后，内部溶液浓度随着养分溶出就会逐渐降低，养分释放的动力随之而减少，这是养分释放的第三个阶段，这个阶段持续的时间相对较长。

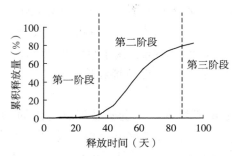

图 4-1　曲线型控释肥料养分释放曲线

　　影响曲线释放型控释肥料养分释放速率的关键因素是包膜材料本身的特性，即膜材料对水的通透性，它与包膜的组成成分、孔隙大小、开孔率及厚度等因素有关。日本控释肥产品 MEISTER，膜厚度 50～60 微米，质量约占肥料颗粒的 10%，养分释放速率主要取决于水分渗透进入膜内的速度。MEISTER 产品（S 型控释肥）养分释放率和释放期的调控是向包膜中添加一种成分——调控剂，该调控剂可以抑制初期养分溶出率，而后溶出速度又迅速增加，使养分溶出曲线呈曲线释放型。不同释放期的曲线释放型控释肥主要采用改变溶出调控剂在包膜材料中的比率来实现。

4.2.2　包膜材料的选择

　　曲线释放型控释肥料对包膜层的要求是一个矛盾的组合，即在抑制期要求包膜层对水蒸气和养分离子或分子的透性具有严格的阻控性，阻止水蒸气很快地渗入膜内溶化肥料核芯，而在溶出期又要求包膜层的溶出通道孔径增大、阻力减小，以利于水蒸气的快速渗入和养分的加速释放。这对矛盾同时存在于包膜层内，对包膜材料的选择和配合提出了极其苛刻的要求。从国际上公开的专利和我们自己的研究来看，制造曲线释放型控释肥的包膜材料配方主要由聚合物材料、填充材料和多糖类或其衍生物按不同比例组成，其中聚合物材料及其组合尤为关键，其主要作用在于抑制期对水蒸气的阻隔能力要强，而且要求聚合物材料及其组合的成膜性好以实现对每颗肥料的完全包覆。

　　虽然制造曲线释放型控释肥所需的聚合物包膜材料与直线释放型控释肥从大类来说并没有区别，即仍然以各种聚烯烃类高分子树脂材料为主要包膜材料。但为了满足曲线型控释肥前期养分充分抑制的严格要求（一般初期溶出率小于 0.5%，抑制期养分释放量小于5%），曲线释放型控释肥的包膜对水蒸气的阻隔能力必须非常好，故对于包膜材料（聚烯烃材料）选择仍然有一些特殊要求，如 JP2002-234790 专利中公开了一种曲线释放型控释肥制造方法，其包膜材料中使用了 4 种聚合物树脂，分别是①低分子聚乙烯：重均分子量为 910，熔体质量流动速率为 0.23 克/分钟；②一种热塑性弹性体树脂：重均分子量130 000，熔体质量流动速率为 0.05 克/分钟；③低密度聚乙烯：重均分子量 74 000；④乙烯-醋酸乙烯共聚物，重均分子量 205 000。所用材料中以前 3 种树脂为主要材料。日本专利 JP2004-217434 公开了一种曲线形释放的包膜颗粒钾肥的制造方法。所用材料有①低密度聚乙烯：重均分子量 74 000，水蒸气透过率为 0.016 克/（厘米² · 天），熔点 140℃；②乙烯-醋酸乙烯共聚物：水蒸气透过率为 0.083 克/（厘米² · 天），重均分子量 205 000。日本专利 JP2000-185991 公开了一种颗粒肥料曲线形释放的树脂材料配方。所用树脂材料只有一种为低密度聚乙烯：密度 0.922 克/厘米²，熔体质量流动速率为 0.7 克/分钟。日本窒素公司在中国公开的曲线型包膜肥料专利 CN1749220A，所用树脂材料如下：①低密度乙烯均聚物：重均分子量在 100 000～300 000，且重均分子量与数均分子量之比为 3：6；其中相对分子质量小于 10 000 的成分为 3% 以下；熔体质量流动速率为 0.01～0.20 克/分钟；②乙烯-醋酸乙烯共聚物：重均分子量 50 000。其中主要材料为低密度聚乙烯均聚物。上述日本专利中所用材料以低密度聚乙烯为主，主要从重均分子量和熔体质量流动速率两个指标来筛选，所用聚乙烯材料重均分子量变幅较宽为 910～300 000，熔体质量流动速率变幅为 0.01～0.70 克/分钟，在严格限定肥料核芯外形的基础上，应用不同的工艺控制与设备均能生产出具有曲线形释放曲线的包膜产品。

北京市农林科学院植物营养与资源研究所在选择适合曲线型控释肥的包膜材料时，主要从不同材料的成膜性和材料本身对水蒸气的阻隔能力加以筛选；此外，为了降低近年来油价高企对包膜肥料成本的抬升，我们有意识地加强了既能满足上述成膜要求又能有效降低成本的废旧回收塑料材料的研究，目前已分别筛选出了适合于尿素和复合肥的两种曲线型控释肥包膜聚合物材料基本配方组合，其中废旧塑料占包膜聚合物材料的比率在 45.2%～84.8%。

除了上述的聚合物材料外，包膜中另外一种非常重要的成分是多糖类或其衍生物（各种淀粉或改性淀粉），包括各种谷物淀粉如小麦淀粉、玉米淀粉、马铃薯淀粉、稻米淀粉及根类淀粉如甘薯淀粉等。另外，也可以使用将上述淀粉加工后的 α 化淀粉等加工淀粉或以硅树脂等处理淀粉表面因此分散性或流动性得到改善的硅处理淀粉。多糖类或其衍生物的主要作用是控制包膜上的开孔或龟裂形成。其作用过程大致如下：将曲线释放型控释肥施入土壤后，在开始阶段由于聚合物材料的阻隔，水蒸气渗入包膜的量很少，随时间延长，水蒸气渗入量开始增多，这时包膜中的多糖类或其衍生物因吸收渗入的水分而开始膨胀。因此，该膨胀所引起的膨胀压逐步使包膜产生龟裂，自龟裂处浸入的水分被作为包膜粒状肥料核芯的粒状肥料吸收，通过吸水而溶解的粒状肥料中的肥料成分通过龟裂部分开始溶出，由龟裂形成的水分和养分通道会逐步增大直到形成一个最大值，其表现就是养分溶出速率逐步增大直到形成一个最大值。因此，直到包膜中产生龟裂为止所需要的时间为溶出抑制期，而通过龟裂部分大部分肥料成分溶出结束为止（养分累积溶出到 80%）所需要的时间为溶出期间。此外，为了使肥料的养分溶出曲线形成良好的曲线释放型曲线，多糖类或其衍生物的粒径当然越小越好，通常以不超过 50 微米为限，如果满足上述粒径要求，则多糖类或其衍生物的粉末因水分会产生膨胀由此在包膜处将产生龟裂，通过此龟裂部分，包膜肥料中的养分将会溶出，曲线释放型的溶出模式得以实现。相反，若多糖类或其衍生物粒径过大，包膜形成时就极易出现脱膜、包膜溶液堵塞喷雾喷嘴等问题。为了获得优良的曲线释放型释放曲线，多糖类或其衍生物在包膜中的含量在 1%～20% 范围内较好，若含量不足 1%，溶出期的溶出速度也被抑制，不会出现较好的 S 形曲线；相反，若含量超过 20%，就会出现初期养分溶出抑制效果较差的问题，而且还会导致包膜强度下降且易于破损。

曲线释放型包膜控释肥的包膜中也存在一定量的粉状填充材料（以重量计占包膜的 5%～8%），如滑石粉、碳酸钙、二氧化硅、黏土、各种矿石粉碎物、硫等，填充材料的粒径通常在 100 微米以下较好，粒径过大容易导致脱膜和包膜溶液堵塞喷雾喷嘴等问题。填充材料的作用包括两点，一是调节外界温度变化对养分溶出速率的影响（即尽量使养分释放速率随温度的变化符合植物生长和养分吸收规律，也就是 $Q_{10}=2$），另外一个方面的作用是有效降低肥料的成本。

此外，在制造曲线释放型控释肥时也可以加入一些其他非必须材料或助剂，如为了提高包膜肥料表面亲水性，可添加一定量的表面活性剂，可以通过考虑表面活性剂的酯化度、烷基的链长、环氧化物的附加摩尔数及纯度方面，而自多元醇的脂肪酸酯所代表的非离子表面活性剂、非离子系表面活性剂、阳离子表面活性剂、阴离子表面活性剂等物质中加以选择并使用。为了获得所期望的效果，包膜材料中的表面活性剂含有率以控制在 0.01%～10% 为宜。而为了加快残膜在土壤中的降解速度，可以添加各种有机金属化合物包括有机金属络合物或有机酸金属盐。包膜材料中的有机金属化合物的添加量在 0.000 1%～1% 范围较为合适。此外，也可以在包膜溶液中添加各种染料以制成不同颜色的包膜肥料，既美观又便于区分不同释放特性的包膜肥料。

4.3 曲线释放型控释肥生产工艺

4.3.1 内核颗粒肥料的选择

作为包膜用的内核颗粒肥料，目前市场上销售的各种颗粒状单质或复合肥料均可以使用。但作为曲线释放型包膜肥料内核，有几点仍需注意，①肥料内核的养分水溶性应该较高，其中若有水溶性较低甚至水不溶性成分存在，则在作物生长期内将很难从包膜内释放出来被根系吸收；②肥料颗粒的粒径应该尽量一致，也就是须采用过筛机将肥料预先进行分级，包膜时采用粒径范围较窄的颗粒；③须采用接近球状的肥料颗粒，大粒尿素、复混肥强度在 10 牛以上，肥料粒径在 2～4 毫米。具体而言，球状为由式（3-1）计算出的圆度系数，即

圆度系数＝（4π×粒状肥料的投影面积）/（粒状肥料投影图的轮廓长度）²

圆度系数的最大值是 1，越接近 1 就说明肥料颗粒越接近球状，而随着颗粒偏离球状则圆度系数将会变小。在制造曲线释放型控释肥时，肥料颗粒的圆度系数在 0.9 以上才能确保包膜肥料的质量较高，如果圆度系数小于 0.7 的肥料颗粒比例较高，则曲线释放型控释肥的溶出抑制会变得不够充分，也就是说易于产生肥料成分在抑制期提前释放的倾向。

4.3.2 设备和工艺

用于制造曲线释放型控释肥的生产设备并未局限在某一类专有设备，既可以使用在喷流塔内将溶解在有机溶剂中的包膜材料经压力式喷头或空气雾化喷头雾化后喷射到处于流动状态的肥料颗粒上面，同时用热风将溶剂挥发的底喷式喷动床的包膜方法；也可以使用

转鼓包膜，即将溶解在有机溶剂中的包膜材料经喷头喷射到转鼓内转动的肥料颗粒内，并用热风干燥去除有机溶剂。另外，也可以将上述两种方法结合使用。总的看来，目前国内外更多采用的是喷动床制造曲线释放型控释肥，原因可能是喷动床的传热效率高、设备简单易于维护等。图4-2是喷动床包膜设备。

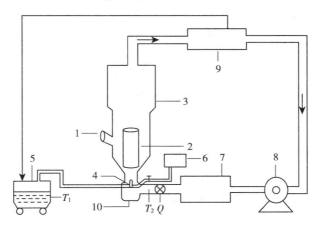

图4-2 喷动床包膜设备

1. 进料口 2. 管状导流装置 3. 包膜塔 4. 喷嘴 5. 溶解罐 6. 空气压缩机 7. 空气加热器
8. 鼓风机 9. 除尘器和冷却回收器 10. 出料口

图4-2为适合曲线释放型控释肥制造的包膜装置，包括包膜塔、喷嘴、空气压缩机、鼓风机、空气加热器、除尘器和冷却回收器；其中，包膜塔包括设于其底部的管状导流装置、进料口和出料口，包膜塔的上端与除尘器和冷却回收器连接，用于包膜过程中产生的粉末及回收包膜溶液的溶剂，喷嘴设于所述包膜塔的底部，与空气压缩机和装有包膜液的溶解罐连接，通过空气压缩机产生的压力将溶解罐中的包膜液喷涂到包膜塔中，包膜塔的下端与热风鼓风机（包括空气加热器和鼓风机）连接，鼓风机将空气鼓入空气加热器，经加热后鼓入包膜塔中推动肥料颗粒运动。

上述涂膜装置工作时，通过图4-2中进料口加入颗粒肥料，通过鼓风机和空气加热器鼓入热风使包膜塔中的尿素颗粒呈流动状态，通过喷嘴和空气压缩机将溶解罐的包膜液喷入包膜塔中涂敷到流动的肥料颗粒表面，同时包膜塔上部连接的除尘器和冷却回收器开始除去粉尘并回收溶剂，喷涂完毕后从出料口收集涂敷了包膜材料的包膜肥料。图4-2中T_1表示包膜液温度，T_2表示干燥热风温度，Q表示热风流量。喷动床包膜中试设备见图4-3。

为了制造具有优良溶出曲线的曲线释放型

图4-3 控释肥中试设备

控释肥，在生产工艺上有一些需要特别注意的事项。①需降低包膜溶液的黏度以获得较好的雾化效果，通常以控制在0.5～40毫帕·秒范围内为较好，若包膜溶液黏度超过此范围，则雾化效果较差，溶剂挥发较慢影响包膜干燥，容易出现破膜或颗粒之间粘连，从而影响肥料的前期养分溶出抑制效果。为了降低包膜溶液黏度，可以采用调节包膜溶液的浓度实现，在制造曲线释放型控释肥时的包膜溶液浓度通常控制在3％～8％较为理想。②设定合适的热风温度和风量。在制造曲线释放型控释肥时，为了达到包膜在每颗肥料表面的均匀、致密和完整覆盖的效果，根据有机溶剂的沸点和挥发特性、包膜溶液供给速度，设定合适的热风温度和风量就非常关键。总的原则是要求在包膜过程中实现溶剂的快速挥发和包膜的瞬时干燥，否则极易出现肥料的包膜受损而使得前期抑制效果不充分，严重情况下因溶剂挥发不充分甚至会出现包膜过程中肥料颗粒之间互相粘连及死床而无法包膜的现象。

此外，除了通常情况下采用单层包膜技术制造曲线释放型控释肥外，也有采用双层或多层包膜技术制造曲线释放型控释肥的报道。如日本专利JP2007-145693就公开了一种采用至少两层包膜制造曲线释放型控释肥的方法，其中内层以乙烯-醋酸乙烯共聚物（包膜率为0.05％～0.5％），内层包膜完成后进行外层包膜，外层包膜材料为烯烃树脂（包膜率为2％～10％）。日本专利JP4-202078公开了一种双层包膜制造曲线释放型控释肥的方法，即在内层包膜材料中添加碱性物质和在外层包膜中添加碱可溶性树脂材料以实现养分的曲线释放型释放。其具体原理是在初始阶段由外层膜阻止水蒸气的渗入，渗入膜内的水分随时间延长累积到一定量后溶解内层包膜中的碱性物质，随后内层溶解的碱性物质再逐步溶解外层包膜中的碱水溶性树脂成分，形成养分溶出通道，肥料核芯至此开始大量释放，其释放曲线为典型的曲线释放型曲线。至于生产曲线释放型控释肥的大型生产设备规模并没有统一的要求和规范，专利CN1749220A就提出采用喷动床包膜设备生产曲线释放型控释肥时，若包膜溶液浓度在3％～8％时，包膜溶液的供给速度以固体部分（即包膜材料）在10千克/小时以上则可以称为大型生产设备。

4.4 曲线释放型控释肥生产技术规程及质量控制

4.4.1 曲线释放型控释肥包膜材料选择

4.4.1.1 包膜产品的肥料核芯

有大粒尿素、复混肥料颗粒。要求外观：光滑圆润，没有针眼、凹处；大粒尿素、复混肥强度为10牛以上。肥料粒径在2～4毫米；肥料含量应符合包装表明值。

说明：肥料表面光滑圆润，没有针眼、凹处，保证包膜的完整和尽量减少使用包膜材料，针眼和凹处会导致包膜不完整。肥料颗粒要保证一定的强度，以便在包膜的过程中不出现或少出现破碎、掉粉，影响包膜质量。肥料颗粒要提前分级过筛，保证在一定的粒径范围内（2～4毫米），颗粒粒径的差异大，会使得重量有差异，导致粒子之间包膜厚度不同，溶出不均匀，产品前期溶出抑制困难。

4.4.1.2 聚丙烯

拉丝以聚丙烯为原料，不用新塑料，用回收的编织袋制成的塑料颗粒最好。

溶解试验：取四氯乙烯 200 毫升，加入被测聚丙烯 50 克，电炉上加热至 110℃以下，不断搅拌，60 分钟后全部溶解为合格，否则不合格。

杂质试验：取一定量的被测聚丙烯放置在铁容器上燃烧，完全燃烧后称量残留物重量，算出残留物百分比，为杂质量。

作用：聚丙烯是一种非常好的保水材料，溶液经喷头喷出包到颗粒肥的表面，此种材料的防水作用好，施用后容易降解。

质量要求：灰分小于 15％。

4.4.1.3　滑石粉

白色，25～20 千克包装。细度：国产 1 500 目以上，进口 500 目以上即可使用。原则：使用时在溶解罐内搅拌时基本全部悬浮于溶液中，没有沉底和聚集成颗粒现象。

4.4.1.4　线性低密度聚乙烯

新塑料用线性低密度聚乙烯，MI 在 2～7。性能：柔韧、成膜性好。

4.4.1.5　四氯乙烯

低毒性，密度 1.6，四氯乙烯含量 99％以上（可能对设备有一定腐蚀），加入防水解的稳定剂。

4.4.1.6　颜料

选用化工油溶性（或塑料染色用）颜料，如油溶红、油溶黄等。

说明：线性聚乙烯材料有一定的防水性能，密度在 0.91～0.94，包裹在肥料颗粒外面成膜性好，柔韧性好，可减少包膜开裂，保证包膜的均匀。S 型控释肥包膜一般采用线性低密度聚乙烯，熔融指数在 2～7，熔融指数越低，材料流动性越差，溶解温度越高。

聚丙烯防水性能好，加入后可大幅度增加肥料养分的溶出时间，但是聚丙烯成膜性不如线性低密度聚乙烯，单独使用会有包膜易开裂、不易成膜等现象。另外，聚丙烯材料是一种在光和热的作用下可降解的材料，在有催化剂存在的情况下可大大缩短其老化时间，最终的产物是二氧化碳和水。包膜一般采用拉丝级聚丙烯。

滑石粉成分主要是二氧化硅，添加后可增加包膜的透水性能，主要用于调节肥料养分的溶出时间，滑石粉的加入量大，溶出时间降低；加入量小，溶出时间增加。滑石粉还可以增加包膜的重量，对包膜的浮水性起到一定的缓解作用。滑石粉使用超细滑石粉，细度在 1 500～3 000 目。

4.4.2　S 型控释肥生产工艺及操作规程

4.4.2.1　生产工艺和操作规程

（1）颗粒肥料进入车间，放置在一层空地。塑料、滑石粉及染料通过电动葫芦提至操作台备用。四氯乙烯放置在车间外阴凉避光处，远离火源。

（2）包膜材料准备。准确称量线性低密度聚乙烯、聚丙烯、滑石粉、淀粉和颜料。

（3）准备向目标溶解罐加入溶剂。开动溶剂泵，按照车间外溶剂箱（溶剂）上方流量计指示，按每份包膜材料 500 升溶剂打到溶解罐。记录目标溶解罐液位计高度，流量达到预定的量时，关闭目标罐上方的电动阀，包膜液浓度控制在 3％～4％。

（4）打开目标溶解罐搅拌器，打开包膜材料料仓的插板阀，加入包膜材料，并检查是否完全加入。

（5）确定蒸汽为 $4×10^5$ 帕的蒸汽输入设备，首先使溶解罐的温度保持 110～105℃，保持温度 1.5～2 小时，使溶剂里面的包膜材料充分溶解。并保持搅拌器工作状态。

（6）检查各个风门、截门是否关闭完好，打开循环冷却水泵，打开风机，风的温度保持在 115～120℃。将肥料核芯通过螺旋入料器加入包膜塔，肥料完全加入后，关闭螺旋入料器。

（7）打开管道泵，将液体喷量调至 4 升/分钟进行喷雾包膜，喷雾 10 分钟左右后将喷量上调至 5 升/分钟。

（8）溶解罐中的包膜溶液喷涂完毕后关闭管道泵，随后关闭换热器蒸汽阀，3～5 分钟至残留溶剂充分挥发后关闭风机。打开包膜塔下部的阀门卸料。

（9）把生产出的产品运至库房码放整齐。

4.4.2.2 生产过程注意事项

（1）将包膜材料运至二层操作台时注意安全。

（2）冷却水要经常保持清洁，经常观察冷却水罐温度表的温度，冷却水温度偏高，会影响溶剂的回收，降低溶剂回收率。一般冷却水罐温度表温度在 20℃ 以下为好，冷却水温度会直接影响换热器入口风的温度，一般换热器入口风的温度在 25℃ 以下为好。

（3）正常生产过程中，注意换热器的温度变化，把温度控制在 110～120℃，溶解罐温度保持在 105～110℃，温度过低，塑料溶解不充分，温度过高，会造成溶剂开锅，加大溶剂的挥发损失。根据包膜生产情况，随时调整温度；注意喷头溶液的雾化情况及风室内部有无粘连，及时处理。

（4）注意调节热风温度至 105～110℃，温度过低易导致溶剂挥发不畅，肥料易相互粘连，温度过高肥料易脱膜。

（5）工艺控制指标。包膜生产工艺控制指标见表 4-1。

表 4-1 包膜生产工艺控制指标内容及作用

控制内容	控制指标的作用
温度控制	溶解温度 105～110℃，对包膜材料充分溶解；烘干温度 110～120℃，达到包膜材料与溶剂充分瞬间分离；冷却温度 30℃ 以下，溶剂充分回收
风量控制	风量 6 000～7 200 米³/小时，全压 3 000 帕左右。风量过大，成膜难度加大；全压过大，会产生大量粉末，影响产量，损害堵塞设备，影响质量；风量过小，包膜肥料不能干燥；压力过小，核心不能充分分离，吹不起来，造成肥料在包膜塔内循环不畅
溶液流量控制	在生产过程中，流量在 4～5 升/米，流量的变化对包膜质量非常重要，流量过大，干燥不了，脱膜，流量过小，产生粉末，堵塞冷却塔或者喷嘴，影响产量，损害设备
包膜材料溶解配比的控制	严格按工艺配方的要求包膜材料，因为不同材料的作用不同，成膜的质量不同，以此作为依据计算包膜量，不同的溶出时间配比有所不同，可以直接影响成品质量和产量

（续）

控制内容	控制指标的作用
溶解罐溶剂打入量的控制	溶剂打入量的控制，就能控制溶液的浓度，控制溶液的黏稠度，就能控制胞衣量，保证产量及质量。以车间外溶剂箱（溶剂）上方流量计计量为主，溶解罐液位计为辅，按照车间外溶剂箱（溶剂）上方流量计指示，溶剂打到溶解罐。记录目标溶解罐液位计高度，流量达到预定的量时，关闭目标罐上方的电动阀

4.4.3　开、停车操作规程

4.4.3.1　开车

（1）原始开车。原始开车是指在长时间停产后的再次开车。由于长时间停车，设备有可能出现堵塞、泄露或个别设备零件不正常的情况，需要做以下准备工作：重新开启冷却水泵；烘干温度的调节；设备跑冒滴漏的检查，人员的调配，设备前期的试运转，首先要开启蒸汽，加热设备的各个部分，设备喷溶液之前，先由最好先由喷嘴处放出一部分溶液，以加热中间罐到喷嘴的溶液管道部分。

（2）正常开车。连续生产时，产品在出锅后进行下一次的生产准备工作，正常开启设备：包膜塔下方的出料口关闭后，立刻打开风机，开动螺旋加料器，加入肥料，打开柱塞泵，调整好喷液状态。所有准备工作要在5～10分钟完成，并开始下一次生产，这样可以提高产量，另外停机时间短可以防止管道堵塞，减少故障率。

4.4.3.2　停车

（1）正常停车。连续生产时的正常关闭单套设备如风机、柱塞泵等。

（2）紧急停车。由于设备发生问题，被迫停产，这时卸下没有包成的产品，停止喷液，上报车间领导，及时处理问题。

（3）长时间停车。由于设备到了大修时间段，或设备出现若干问题，而进行设备整体修整，这时的停车如果在冬季，必须首先喷干净所有罐中的残留溶液，打开喷液柱塞泵，把管道中的残留溶液吹干净。把设备管道中的水排除，卸下易冻坏的阀门，处理干净，溶解的溶液全部用完，溶剂充分回收。电器部分进行清除尘土。

4.4.4　生产故障及处理方法

生产故障及处理方法见表4-2。

表4-2　包膜生产故障及处理方法

生产故障	问题原因	处理方法
产品脱膜	喷量过大，溶液黏稠，风管堵塞，胞衣材料不纯，溶液带水	调节喷量，喷量大小适量；加入溶剂稀释溶液；停机处理风管及导管；不用不纯的包膜材料；回收溶剂，在储油箱清除水分，检查水分的出处
产品露白	喷流塔中出现死角，粘连后分散	停机或生产时清除包膜塔中的死角及锥体的下沿，将粘连的废包膜材料清理干净

（续）

生产故障	问题原因	处理方法
蒸汽压力不够	有"跑冒滴漏"现象，阀门未开	随时检查设备的"跑冒滴漏"的地方，及时处理，尤其在生产初期，仔细检查设备各部件是否在开启状态
风室跑风	密封不严，导管堵塞	风门不严，加毛毡密封，风门变形，及时调整；导管堵塞，加大风压，导致漏风，停机清理导管，同时检查塔顶及冷却塔入口，是否有粉末糊严入口
产品不干，湿潮	喷量过大，溶剂黏度过大	调整喷量，适度干燥；把黏稠的溶液加入溶剂稀释，降低浓度
溶解罐开锅	溶液带水	油箱有水，回收溶剂，检查溶解罐及喷雾系统是否排水或溶解罐的蒸汽管道是否漏气
喷头出现大量絮状物	材料不纯，包膜材料中，低压高密聚乙烯过多	减少低压高密聚乙烯的用量，溶液加入溶剂稀释处理
颗粒风室外喷	导管、塔顶、管道堵塞	停机清理导管、塔顶、管道
溶剂回收率低	"跑冒滴漏" 溶剂比重过低 干燥不充分	及时处理"跑冒滴漏"的地方 避免溶剂开锅现象 由于包膜后期加大喷量，出锅前没有充分干燥，产品中带有溶剂，加强车间管理，严格按操作规程操作
过滤网中有包膜材料颗粒	搅拌机在溶解罐溶解时没开启，罐底的包膜材料没溶解	先开启搅拌机，后加入包膜材料，温度保持在110℃即可
油泵不上油	油泵中的齿轮间有小硬物卡住齿轮，导致不能转动	清理油泵的小齿轮，清洗干净即可

4.4.5 车间管理制度

4.4.5.1 安全生产管理制度

（1）公司的安全生产工作必须贯彻"安全第一，预防为主"的方针，实行车间负责人责任制，各级领导严格把关，实现安全生产和文明生产。对安全生产方面有突出贡献的集体和个人要给予奖励，对违反安全生产制度和操作规程造成事故的责任人，要给予处罚。

（2）坚持定期和不定期的安全生产检查，安全生产检查采取领导和职工相结合、车间班组自查和互查相结合的原则，发现安全隐患，及时整改并上报公司领导，特殊情况需报公司研究决定，统一整改。

（3）新入职员工必须进行安全生产教育，改变工种的员工要重新进行安全教育才能上岗。从事锅炉、电气等特殊工种操作的人员，必须经有关部门严格考核并取得合格证后，才能准许上岗。

（4）各种设备和仪器不得超负荷运转和带病运转，并要做到正确使用、经常维护、定期检修。

4.4.5.2　安全生产操作制度

（1）严格遵守安全规章和各项操作规程，不违章操作。

（2）班前进行安全教育，提高职工对安全生产重要性的认识，由车间主任负责。

（3）在工作中，注意力要集中，不打闹，不睡觉，不做与工作无关的事情，不脱岗。班前、班中严禁喝酒，工作时不准吸烟。

（4）各岗位工作人员应按工作性质穿戴各种劳动防护用品，严禁赤脚、穿拖鞋上岗。

（5）保持设备的完好无损，不带病作业。有安全隐患立即排除。不超负荷运转，关机后确保安全才可离开车间。

（6）检修设备时，必须切断电源，不能带电操作。

（7）各部门要提高认识，安全第一，注意防火、防盗，确保人身安全和国家财产的安全。

（8）确定安全重点防范区域或岗位，闲人禁止靠近入内，并有明显标志，厂区严禁闲杂人员进入。

（9）坚持定期安全检查制度，由厂领导及有关人员，对全厂进行全面安全检查。查出的问题及时解决。

（10）发生事故，要查明原因，分清责任尽快处理。

4.4.5.3　设备管理制度

维护保养和合理使用设备，是保证设备安全运行的必要措施。因此想要高产、稳产就必须遵守以下制度。

（1）严禁设备超负荷和带故障运行。

（2）严禁多种设备同时启动，要间接开启所需设备。

（3）要做到：勤、听、闻、看，如有异声、异味、异常情况，立即切断电源向上报告。

（4）定期给能加油的设备加油、换油、清洗、清理。

（5）定期给所有的截门加填料和石棉垫，随时检查设备是否有"跑冒滴漏"的地方，拧紧所有的螺丝保证蒸汽及溶剂不"跑、冒、滴、漏"。

（6）电器设备由专人保养，定期给电器除尘。随时检查电线路是否有漏电、连线之处，要确保电路万无一失。

（7）车间所有人员有维护保养和爱护所有设备的责任，故意损害设备和公共财产者要严厉惩罚。

4.4.6　S型控释肥产品质量企业标准

4.4.6.1　外观

颗粒状，表面光滑，颜色均匀。颗粒直径：2.00～5.00 毫米。也可根据客户需要确定。

4.4.6.2 产品释放期

控释肥的释放期需达到 30 天以上，检测方法见 HG/T 4215—2011，释放期表明的时间与实测值的误差不能超过 15%。

4.4.6.3 产品释放特征

控释肥的初期释放率（水浸泡 24 小时释放率）不超过 3%，用于育苗接触施肥的产品则应不高于 0.5%，产品抑制期（累积养分释放达 10%）与溶出期（累积养分释放率 10%～80%）之比不低于 15%。

5 推荐施肥概念、意义及国内外应用现状

5.1 推荐施肥概念

推荐施肥模型是根据土壤、作物和肥料三者的特性提出合适的肥料种类、合适用量、合适的时间施用在合适的位置，将新型肥料与科学施肥技术相结合实现精准变量的推荐施肥方法。

平衡施肥是促进粮食高产、肥料高效的有效途径，也是一项科学而有意义的农业推广技术，其重要目标是实现施肥效益的最大化，而如何确定施肥量一直是施肥技术的核心和难点。因此，科学合理推荐施肥方法的建立是平衡施肥技术的核心内容之一。精准农业和农田养分管理是目前国际农业研究与应用的热点领域，而精准变量施肥是目前精准农业中最为关键和应用最多的技术之一。将新型肥料与施肥技术相结合是实现农业可持续发展的关键，是以提高农业管理效率为目标，在特定区域根据土壤和产量变异调整肥料用量的作物定位养分管理方法。发展一种既不需要土壤测试和繁琐操作、农民又愿意接受的推荐施肥方法是当前养分管理的一项主要任务。

平衡施肥管理技术的最终目的是要实现最佳的农业管理，目标在于使养分供给和作物需求达到同步，提高肥料养分的有效性并使农用养分损失最小化，其原理是应用合适的肥料种类、使用合适肥料用量在合适的时间施用在合适的位置，而将新型肥料与科学施肥技术相结合是实施精准变量施肥的关键。

正确的肥料种类：使用与作物需求和土壤性质相匹配的肥料比例和用量，考虑养分间的交互作用，氮、磷和钾的平衡，土壤内在养分供应，作物需要及其他中微量养分需求对增加产量和肥料利用都非常关键。

正确的肥料用量：施用与作物需求相匹配的肥料用量。施肥量过高就会导致养分淋洗、径流及养分累积等，施肥量过低就会导致减产、作物品质下降、土壤肥力降低等，过高或过低都会对肥料利用率产生影响。

正确的施肥时间：保证作物需求与养分供应间最大的同步对提高养分利用率是必不可少的。分次施肥能够显著的提高产量和利用率，尤其是氮肥。而后期施钾肥使作物增加对自然灾害的抵抗力。正确的施肥位置：施肥方法对保证肥料利用率是非常关键的。不同作物、轮作制度和土壤类型的最佳施肥方法各不相同，但其最终的目的就是要保证作物对养分的有效吸收并提高利用率。保护性耕作、地表覆盖以及有效管理灌溉水等都有助于使肥料养分保持在作物有效吸收位置并促进作物生长。

5.2 推荐施肥意义

大量研究证明，高量化肥投入将会造成严重的资源浪费，降低肥料回收率。我国化肥

回收率与发达国家相比还有较大差距，尤其在华北平原粮食作物集约化种植区，氮肥回收率低的现象更为严重。同时发现，无论是氮、磷，还是钾肥，我国主要粮食作物的肥料回收率均呈现逐渐下降趋势。高量化肥的投入不仅无助于产量增加，而且长期过量或不合理施肥导致我国肥料利用率低下。研究表明我国水稻、小麦和玉米的平均氮肥利用率分别仅有 28.3%、28.2%和 26.1%。

低的利用率主要归因于高的施肥量。20 世纪 90 年代，山东省小麦平均氮、磷、钾纯养分用量达 447 千克/公顷，其中氮用量为 280 千克/公顷，玉米氮用量为 248 千克/公顷。来自 2000—2002 年对全国 2 万多个农户的综合调查表明，水稻、小麦和玉米的氮肥平均施用量分别为 215、187 和 209 千克/公顷。这一数据已经远远高于我国主要粮食作物适宜氮肥用量应为 150～180 千克/公顷的水平。进入 21 世纪有研究表明，山东省小麦—玉米轮作体系氮、磷、钾投入量分别为 673、244 和 98 千克/公顷，显然，这一结果又比 20 世纪 90 年代的施肥量上升了一个较高水平。近期据国际植物营养研究所农户调查资料显示，在河南省延津县，2011 年随机调查的 30 个农户小麦氮、磷、钾平均施肥量分别为 249、119 和 119 千克/公顷，肥料投入普遍存在过量现象。同时，在山东平原县调查的 30 个农户仅小麦单季施氮量已平均达到 317 千克/公顷，远远超过了小麦获得相应产量所需要的氮肥用量。调查中磷肥用量平均也高达 161 千克/公顷，而约有一半农户不施钾肥，施用钾肥的农户施钾量也仅在 23～36 千克/公顷，不但氮、磷使用严重超量，而且氮、磷、钾肥料投入严重不平衡。

有研究评估显示全球投入的氮肥有 2/5 损失进入到生态系统中。对华北平原小麦—玉米轮作制度的每公顷田块的硝态氮淋洗量的研究表明来自氮肥的淋洗量达到了 30～84 千克/公顷，平均 61 千克/公顷（以纯氮计），相当于施氮总量的 7.3%～20.3%。对华北地区冬小麦—夏玉米轮作体系农田氮素输入输出的数量特征进行了分析，其每年氮素输入总量为 669 千克/公顷，而氨挥发、反硝化和淋洗损失的氮则分别达到了 120、16 和 136 千克/公顷。连续过量施氮使夏玉米收获后土壤 0～100 厘米土层矿质氮积累达238～271千克/公顷。氮肥在小麦和水稻上农民通常是分次施用，但分次施用的次数、每次的施用量及施用时间变异较大，而对于玉米越来越多的农民都是一次性施肥。吉林省玉米带一次性施肥调查显示，2005 年玉米一次性施肥面积占玉米总施肥面积的 62.5%。

利用不施肥小区产量与充足养分供应小区产量得出产量差，再由不施肥小区计算土壤的基础养分供应得出肥料用量，可以给出作物所需的合理施肥量。在华北夏玉米的研究表明，通过测试夏玉米不同生长时期土壤中硝态氮和铵态氮的含量确定施氮量，与农民习惯施肥相比产量提高了 400 千克/公顷。不同施肥方法对水稻产量和氮肥利用率的影响研究结果显示，在施氮量减少 30%的条件下，缓控释氮肥与普通氮肥配施水稻产量最高，在相同施氮量情况下，增加穗粒肥显著提高了水稻产量和氮素吸收，并能够增加作物产量和品质。

合理施肥已成为增加作物产量，提高肥料养分利用率，减少肥料损失及由此带来的环境污染的重要措施之一，是我国农业可持续发展的重要组成部分。由农业生产尤其是施肥带来的污染问题日益受到人们的关注，如何进行精准施肥和作物养分管理变得越来越重要。

5.3 推荐施肥研究现状

土壤测试仍然是了解土壤肥力的有效方法之一，但是一个实用的、适合的肥料推荐方法是必需的。土壤测试在全球各个地区由于土壤类型及作物轮作制度等差异使得土壤的测试方法不同，而且土壤测试结果也很难达到当前作物系统的实际情况。除土壤测试外还有许多其他方法，如目标产量法、养分差减法、作物养分预测法、作物不同时期和不同组织养分分析等。

在当前的养分管理措施研究中可以说无处不渗透着这些原则，并且取得了显著的效果。

根据作物需求平衡施肥：根据作物养分需求与土壤养分供应之间的差异计算平衡施肥量。而此差异可以通过一些养分限制因子试验计算由肥料养分的投入而获得的产量增量，即产量反应。对于大量营养元素来说，由于土壤基础养分供应的不同，氮、磷、钾所获得的产量反应各不相同。在中国以小农户为主要经营单元下，施肥量及各种经营管理模式差异使得土壤基础养分供应有很大的差异。为了消除由单个或少量试验得出的养分需求量进行推荐施肥带来的误差，在众多的研究中引进了 QUEFTS 模型。QUEFTS 模型通过分析的是大量试验数据并且考虑了氮、磷、钾之间的交互作用。然而，需要注意的是不同作物的养分需求量是不同的，即使是同一作物不同品种和目标产量下的养分吸收量是也不一样的。对 10 个水稻品种的研究表明，同一氮素水平处理条件下，不同基因型水稻品种的氮肥利用效率有很大变异，从生物化学角度考虑不同作物基因型氮肥利用效率进行推荐施肥将更加经济有效。但是由于生长气候及土壤类型等差异春玉米和夏玉米的养分吸收也存在着很大的差异。对 15 个小麦品种的生长生理过程，得出地上部干物质量的持续增加（尤其是开花后）和氮素积累对小麦产量的增加非常重要。在计算作物养分需求时也要关注同一作物不同生育类型间及品种间的差异。

合理利用土壤养分供应：传统的土壤测试很大程度上提高了施肥的精确性，但我国的小农户经营模式很难做到一家一户进行测土施肥，已经不能满足当前施肥推荐。即使土壤中有很高的养分含量，但是由于土壤性质及土壤测试的差异，使得测试值与养分吸收值之间的相关性不高。但可以通过作物地上部反应来获得土壤基础养分供应数据，其估测的是土壤中整体的养分供应状况而不考虑养分来源，因此可以直接用来计算肥料需求。然而在计算土壤基础养分供应时需要在不同作物系统、土壤类型、不同气候及不同地形地势区域布置一定数量的养分限制因子试验，此种方法只需获得一季比较准确的土壤养分供应量就可以得出肥料的需求量。以往的田间试验数据对估测产量、土壤基础养分供应及肥料用量是非常有用的信息，因此需要尽可能多地收集所要推荐施肥区域的相关信息。

（1）氮肥推荐及养分管理。氮肥的推荐及管理一直以来都是研究的热点，这与氮肥的不稳定性以及增产效果相关，氮素仍然是限制产量的最主要因素，同时也是引起水体污染及温室气体的污染源之一。优化的氮肥管理就是要氮肥的施用时间和施用量使氮肥供给和作物需求达到同步。当前氮肥管理方法主要有以下几种。

①根据作物生育期施肥。此种施肥方法主要是在作物的几个关键生育期施氮。如根据

各个生育期土壤无机氮（硝态氮＋铵态氮）测试结果调整氮肥用量。通过试验测定作物各个生育期氮素吸收量及地上部干物质重等指标分析各个生育期对氮素的需求情况，还可以将这些数据通过模型进行动态的模拟得出氮肥施用量。依据各个生育期的养分需求可以有针对性地分次施肥，但是这种方法通常需要了解土壤的养分状况及养分在作物体内的累积过程，这就需要布置一些氮肥量级和施肥模式试验进行筛选，比较耗时、耗力和耗财。此方法通常是大面积地进行推荐施肥，由于土壤氮素供应及作物对环境等因素反应有很大的变异性限制了其推广。氮肥推荐量可以通过作物需求及土壤基础养分供应获得。通过分析当前的作物产量、农民的氮肥管理措施和对当地土壤肥力的认知及对以往数据的分析总结，可以对土壤基础肥力进行估测。因此，要获得土壤基础氮供量就不需要每个田块都设置缺氮小区试验。氮肥的分次施用对提高产量及氮肥利用率是必需的，但是也要考虑其他一些因素的差异，如气候、品种、轮作制度、氮肥基肥用量及灌溉水管理等。

②基于SPAD值或叶色卡进行氮素管理。基于SPAD值的氮肥管理是一种实时实地的氮肥管理方法，该方法对植株氮含量进行定期的评估直到（几乎要）出现氮素缺乏症状时进行氮肥施用。使用SPAD仪或叶色卡进行氮肥推荐可以不需要评估土壤氮素供应，也不需要计算整个生长周期的总施肥量。叶色卡是在使用叶绿素（SPAD）仪的基础上发展而来。叶色卡考虑到SPAD仪的价格不适合作为一个推广使用工具，由国际水稻研究所与日本、中国一些国家合作共同开发而来。叶色卡上不同的颜色代表着叶片中氮含量的高低。按照作物需求的氮肥管理需要一个能够在作物生长季节使用并获得高产的叶色卡。但叶色卡的颜色（叶色卡值）依赖作物品种及作物养分管理方法的变化而变化。同时需要在不同的生育时期读取叶色卡值，如果叶色卡值低于标准值就说明缺氮，需要补充氮肥，但每次需要补充氮肥的量无法准确地确定。有研究建议每次施氮量（以纯氮计）不超过40千克/公顷以保证氮肥利用率。但是作物的产量潜力，不同品种特定季节的肥料用量存在一定的差异，当发现读取的数值低于标准值时就说明已经出现缺氮现象，对于作物生长的几个重要时期就会产生影响，如小麦和水稻的分蘖期和孕穗期。

③叶色卡＋分次施肥表。在作物关键生育阶段使用叶色卡上下调整根据作物需求已经确定的氮肥用量。将叶色卡与分次施肥表格相结合可以让农民根据自己的需要进行选择并且不需要经常去田间观测是否缺氮，同时避免了只使用叶色卡确定施肥量的不确定性并减少了由于缺氮带来的风险。有待提升的是推荐施肥及养分管理措施地点及区域间存在变化，想要得到农民的认可必须要考虑一些因素，如农民最为关心的经济效益问题。

（2）磷和钾的可持续管理。对于以小农户为经营单元来说，由于施肥量及管理措施差异较大使得土壤磷和钾的养分供应变异非常大，因此对于磷和钾的推荐施肥是一个挑战。需要考虑到磷和钾的后效作用，以及在短期和长期时间内施用磷肥和钾肥的作物反应不确定性，再加之不能像氮肥一样在生长周期内对磷和钾的缺乏做出及时准确的判断。因此，磷和钾的土壤养分供应信息对磷和钾的推荐施肥是非常重要的。一般情况下，磷和大多数的钾在作物生长季节的早期投入以保证肥料利用率和避免早期生长阶段由于养分缺乏对作物生长造成影响。相对于氮肥而言，磷和钾肥则更注重于维持土壤内在的磷和钾供应并提高它们的利用率。磷和钾肥推荐主要是依赖于目标产量养分吸收与土壤养分供应之间的差异。先期大量的磷肥投入使大量的磷在土壤中固定，即使目标产量有所增加但磷肥的增产效应也只会略有增加。由于秸秆中的钾含量比籽粒中要高出许多，在收获后秸秆还田情况又各异，如东北春玉米秸秆全部移走而华北的冬小麦和夏玉米的秸秆全部还田，而中国南方水稻秸秆还田量又较少，因此在当今产量水平已经大幅提高的情况下，需要一定数量的钾肥投入用以维持土壤钾平衡。结合科研发现，在一些地区布置一些一般的长期的土壤磷和钾供应能力试验还是需要的。

对于农民而言，提高养分管理措施的最终目的是要提高经济效益。这就需要一个能够满足大多数农民的肥料推荐方法，在我国，农业劳动力短缺是一个主要问题。而对于科研工作者来说，除了产量经济效益外，还关注了农学效益和环境效益，尤其是在当前氮和磷大量投入的情况下。实地养分管理技术方法潜在地调高了作物产量、利用率及经济效益。国际植物营养研究所（IPNI）在实地养分管理技术基础上提出了基于产量反应和农学效率的养分管理专家（Nutrient Expert，NE）系统。

Nutrient Expert（NE）系统是在实地养分管理技术原则基础上由国际植物营养研究所（IPNI）提出的依据产量反应和农学效率进行推荐施肥的肥料推荐和养分管理系统。NE 系统于 2004 年与东南亚的一些国家（印度尼西亚、菲律宾和越南）合作开展关于此方面的研究。许多国家都在开始研究并更换当前小麦、玉米和水稻大面积的地毯式推荐施肥方法，NE 推荐施肥系统就是为了适应当地推荐施肥需要的背景下提出的定点养分管理方法。NE 方法是伴随着由传统的站点式研究向田间推广和评估的发展过程中得出的一种新的养分管理措施。施肥推荐及养分管理面临的挑战仍然是复杂的自然因素对养分需求的影响，这就增加了许多的不确定性。

（3）NE 推荐施肥系统。NE 系统是在分析大量试验数据基础上将中国的试验分析数据加入到 NE 系统中来的，最主要的是根据国内的土壤及气候等差异划分为不同的推荐施肥区域，如玉米就分为了春玉米和夏玉米，因为二者养分吸收、轮作制度等都存在着很大变异。养分专家系统是基于计算机软件，采用问答式界面，把复杂的施肥原理简化成为农技推广部门和农民方便使用的养分管理专家系统。NE 系统通过了解农户过去 3～5 年的产量水平和施肥历史就能够根据给定地块的具体信息快速提供养分管理建议。该方法在有和没有土壤测试条件下均可施用，特别适合我国以小农户为主体的国情，是一种轻简化的推荐施肥方法。该方法主要以基于多年多点的大量肥料田间试验而建立起来的农学数据库、土壤基础养分供应及产量反应和农学效率的关系为理论依据，并考虑作物轮作体系、秸秆还田情况、灌溉水和干湿沉降带来的养分，并结合地块信息而建立的推荐施肥方法

基于产量反应和农学效率的推荐施肥方法是在充分利用土壤基础养分供应的理念上发展起来。由于作物主要通过地上部产量的高低来表征土壤基础养分供应能力及作物生产能力，因此依据施肥后作物地上部的生长反应，如产量反应，来表征作物营养状况是更为直接评价施肥效应的有效手段，从而避免过量养分在土壤的累积，并且考虑了氮、磷、钾养分之间的相互作用，即在预估一定目标产量下的最佳氮养分吸收时，考虑了磷养分限制下的氮素养分吸收及钾养分限制下的氮素吸收；在预估一定目标产量下最佳磷养分吸收时，考虑了氮养分限制下的磷养分吸收以及钾养分限制下的磷养分吸收；同理，在预估最佳钾养分吸收时，考虑了氮养分限制下的钾养分吸收以及磷养分限制下的钾养分吸收。另外，养分专家系统还进行了中微量元素的推荐，而其他施肥方法多是针对特定的一种养分进行

推荐，且未考虑养分之间的相互作用。

NE 系统是在了解当地基础产量和目标产量等信息的基础上进行的一种简便易行，易于被广大科学工作者和农民接受的科学指导施肥方式。该养分专家系统是在热带土壤肥力定量评价模型与改良的实地养分管理技术基础上进行合并研发。实地养分管理技术是国际水稻研究所提出的一种新型水稻养分管理方法，作为精准变量施肥技术方法之一，在生产上应用面积逐步扩大，逐渐应用到小麦、玉米和水稻等大田作物上，其技术主要表现在氮肥的养分管理上，即针对特定田块，利用叶绿素仪或叶色卡在作物生长关键时期测定植株氮素营养动态并根据阈值调节氮肥追肥用量的实地养分管理技术。而改良的 SSNM 是在作物目标产量和养分最佳需求量基础上，充分利用土壤基础养分供应，弥补两者养分间的不足，适时地供应适量的养分，实现养分的需求与供应同步。

作物在收获后移走的养分是保持土壤肥力及计算养分平衡时要考虑的重要因素之一。如果作物收获后移走及损失部分的养分得不到补充，就会耗竭土壤肥力。与氮肥推荐不同，磷和钾的推荐由两部分组成，一是产量反应部分，另一个是维持土壤肥力部分。NE 是一个有针对性的养分管理和推荐施肥系统，此系统可以 ①有策略的对所选择管理措施进行评估和评价；②推荐适宜本地区的种植密度；③根据可获得产量确定目标产量并预估氮、磷、钾养分用量；④对肥料资源选择，将纯氮磷钾养分转化为肥料用量；⑤形成合理的施肥策略（4R）；⑥对当前以及优化后的预期经济效益进行分析。当前根据产量反应和农学效率进行推荐施肥的系统现有玉米养分专家系统、小麦养分专家系统、水稻养分专家系统和大豆养分专家系统。

NE 系统中推荐施肥和养分管理方法依据的是实地养分管理技术方法，而该方法是在"4R"原理基础之上提出来的一种综合的肥料推荐及养分管理方法，此方法也在田间试验的评估中不断地改进和完善，使用叶色卡对氮素的实时管理也在不断地提升，由试验得出的田间养分管理方法也在不断地总结并整合到养分管理工具中。实地养分管理技术的定义最初由 Dobermann 等 1996 年由亚洲的一些水稻生产国家与国际水稻研究所共同提出的，其最终目的就是根据已有的田间数据利用养分模型发展一种能够普遍的、灵巧的、适合当地的推荐施肥方法。实地养分管理技术是根据时空变异性优化养分用量，使养分供给和作物需求间达到平衡的一种养分管理方法。而"实地"指的是在某一个特定的作物生长季节特定田块动态的养分管理。实地养分管理技术强调的是在作物需要时给予最佳的养分，此方法并不是特别地针对降低或增加肥料用量。相反，它的目的是给予作物最佳养分用量及最佳施肥时间以达到高产和高效，增加经济效益。实地养分管理技术致力于让农民自己动态调整肥料用量，来弥补（优化）高产作物养分需求与土壤内在养分供应之间的养分差异。

NE 是一个基于电脑操作的决策支持系统，它能让当地农技专家快速得出施肥量并规划肥料施用的指导方针。NE 将给出适合当地目标产量或可获得产量的肥料管理策略以提高产量和效益。NE 软件只需要农民或当地农技专家提供一些简单的信息，就会得到适合当地的肥料管理指导并可以选择当地可利用的肥料资源。NE 推荐施肥系统与实地养分管理技术的科学原则是一致的，就是以实地养分管理技术原则为基础发展而来的协助当地的农技专家进行施肥指导的一种推荐施肥系统，此软件的指导原则和实地养分管理技术是一致的：①有效地利用土壤基础养分供应；②施用足够的肥料（包括大量及其他限制作物产量的中微量元素），但要防止作物对养分的奢侈吸收；③增加效益（短期和中期）；④最小化耗竭土壤肥力。

NE 养分专家系统以电脑软件形式面向科研人员和农业科技推广人员的养分专家系统。其中，产量反应是指施用氮磷钾肥料的处理与不施某种养分的缺素处理之间的产量差，即可获得产量与不施某种养分处理间的产量差，其反映的是由肥料投入带来的增产效应。产量反应是进行推荐施肥的一个重要指标，其可以通过一些养分限制因子试验获得，也可以通过一些模型进行估测。可获得产量或目标产量是指在平均气候条件下给出地块在最佳的作物和养分管理时所获得的产量，它可以通过前期田间试验测得或者通过一些作物模型获得。作物的目标产量也可以通过所占某一作物品种光温生产潜力的百分数得到，一般的经济目标产量为潜在产量的 75%～80%。大量肥料的投入导致养分在土壤中积累，在一些地区肥料的增产空间越来越小。然而产量反应由于土壤类型、气候及养分管理等差异具有很大变异性。农学效率是指施入 1 千克 N、P_2O_5 或 K_2O 养分所能增加的籽粒产量。基于产量反应和农学效率的施肥方法认为，作物施肥后所达到的产量主要由两部分组成，一部分是由土壤基础养分供应所生产的产量，可用不施某种养分的缺素处理其作物产量来表征；另一部分是由施肥作用所增加的产量。在此基础上，当前已有研究提出了基于土壤基础供氮量的氮素营养诊断方法。实践证明，在长江中下游潜江地区的冬小麦土壤上，当小麦土壤基础养分供应（INS）小于 25 千克/公顷或水稻 INS 低于 79 千克/公顷时，不施基肥氮条件下，小麦和水稻的产量均显著降低；当小麦 INS 高于 39 千克/公顷时，不施基肥氮不会影响小麦产量。在华北的衡水市夏玉米试验区，当土壤 INS 高于 179 千克/公顷时，不施基肥氮条件下玉米在拔节期生物量低于施用基肥的处理，但是在拔节期追肥后并不影响籽粒产量。在辛集市夏玉米试验区研究结果表明，当 INS 低于 103 千克/公顷时，不施基肥氮将显著影响夏玉米产量。对于小麦，当 INS 高于 185 千克/公顷时，施与不施基肥小麦在返青期植株生物量没有显著差异，在拔节期后追肥并不会影响小麦的生物量和产量。因此，可以依据土壤基础供氮量的方法进行氮肥施用管理。当土壤基础供氮量较高时，可以采取不施或较少施用基肥的方法在不降低作物产量的基础上，合理进行肥料运筹，从而提高作物产量和肥料利用效率。

NE 系统是在多年多点数据库基础上，通过向农户询问问题的形式可以在几分钟内做出施肥推荐，弥补了测土施肥耗时耗力、测试时间长及推荐不及时的不足，是测土条件不充分时可供选择的一种推荐施肥技术。该种推荐施肥方法能够综合运用作物养分管理的"4R"原则，能够在保障产量的条件下提高肥料利用率和农民收入，也满足了对不同大小田块推荐施肥的适应性，既可适于田间尺度，又可针对区域尺度，并且对于养分的平衡供应、降低因施肥过量而带来的环境风险具有重要意义。该方法已经在印度、菲律宾等东南亚国家和非洲等一些国家的水稻和玉米作物上逐渐得到应用，我国在玉米上的前期研究也初步证明，基于作物产量反应和农学效率的推荐施肥，在保持或提高玉米产量的同时，不仅考虑了土壤—作物系统的养分平衡，而且能够最大限度提高作物养分利用率并减少养分的环境损失，最大限度高效施用肥料和提高农民经济效益，协调了作物的农学效应、环境效应和经济效应。与传统的测土施肥、植株营养诊断施肥等一系列测试技术和方法相比，本理论与技术具有时效性强、简便经济、易于掌握、适用广泛等优点,特别是在测土和植株诊断等条件不充分时采用本技术显得尤为重要。随着科学施肥技术的发展,该养分专家推荐施肥系统会逐渐成为一种重要的、有效的生态集约化养分管理方法。

6 聚合物包膜控释肥料在冬小麦上的应用

6.1 推荐施肥方法

小麦是我国重要粮食作物之一，广大居民也有着对小麦食用的青睐。资料显示，2010年全国小麦播种面积达到 2 350 万公顷，约占世界小麦播种面积的 10.6％，这对于保障全球粮食安全起着举足轻重的作用。但是在小麦生产上仍然存在着严重的施肥不科学、肥料效率低下、单位肥料生产率不高等问题，导致小麦产量徘徊、肥料浪费、环境风险增大等一系列后果。随着我国城镇化进程的推进可能带来的粮食种植面积的减少及人口的较快增长，粮食总需求量持续增长的压力逐渐增加。如何在有限的土地上生产出更多的粮食，实现粮食生产高产高效，确保国家粮食安全是摆在我们面前的现实。因此，逐渐形成了我国特有的靠大量投入化肥来增加单产和总产的农田高强度利用生产体系。

目前肥料的施用不科学，使过多的养分（尤其是氮素）残留在土壤中，威胁到生态环境安全，并影响到农田的可持续利用。研究发现，华北地区小麦—玉米轮作体系多年多点（$n > 500$）农田土壤硝态氮累积量在 0～90 厘米土层中最高达到 900 千克/公顷，平均约 200 千克/公顷。在河北省冬小麦收获后 0～100 厘米土层矿质氮积累量达 180～303 千克/公顷，远远高于欧盟国家规定的大田作物收获后硝态氮最高残留量（0～90 厘米土层）90～100 千克/公顷（以纯氮计）的标准。这种因过量施肥导致的土壤硝态氮残留现象极为普遍，土壤中的硝态氮随着地表径流或淋溶下渗到水体，加剧了江、河、湖、库等地表水的富营养化及地下水硝酸盐含量超标。众所周知，水体中硝酸盐含量超标，直接危害人畜健康，对人类及环境带来一定的潜在风险。

小麦养分专家系统（中国版本）是在大量的田间试验数据基础上建立的基于计算机的决策支持系统，可以帮助当地科研人员和农业技术推广人员针对小麦的生长环境快速做出施肥决策。小麦养分专家系统通过确定当地的目标产量及为达到这个目标产量提供合理的施肥管理措施，从而能够帮助农民提高产量和经济效益。该软件仅需要农民或当地的科研人员提供一些简单的信息。通过回答一系列简单的问题，用户就可以得到基于当地特点（如小麦生长环境）及当地可利用的肥料资源的施肥指导。该系统还可以通过比较农民习惯施肥和推荐施肥措施的成本和收益，提供简单的经济效益分析。另外，小麦养分专家系统提供了快捷帮助、即时的图表概要，加上软件中一些模块增加了导航的适用性，使该软件在设计上成为一种易学的工具。

小麦养分专家系统提供的施肥指导原则与实地养分管理技术（SSNM）相一致，并且基于 SSNM 以下目标：充分利用农田基础养分资源，提供充足的氮、磷、钾及其他肥料养分，使养分胁迫降到最低并获得高产，在短、中期内获得高的效益，避免作物养分的奢侈吸收，保持土壤肥力。小麦养分专家系统可以帮助您：评估农户当前养分管理措施，基于可获得产量确定一个有意义的目标产量，给出选定目标产量下的氮、磷、钾施肥量，将氮、磷、钾施肥量转换为肥料实物量，确定适用的施肥措施（合适的用量、合适的肥料种类、合适的位置、合适的施用时间），比较当前农民习惯施肥和推荐施肥两种措施下预期的经济效益。

6.1.1　小麦养分专家系统

小麦养分专家系统包含四大基本模块（图6-1）：当前农民养分管理措施及产量、养分优化管理施肥量、肥料种类及分次施用和效益分析。每个模块都能形成一个单独的报告单或者保存为pdf文件，或者也可以选择一次性打印全部报告或者保存为pdf文件。用户可以选择点击4个模块中的任何一个，模块之间后台的数据是共享的。

图6-1　小麦养分专家系统用户主界面

每个模块至少包含两个问题，用户在一系列供选答案中选择和（或）在设计的文本框中输入数值就可以回答这些问题。每个模块都提供可被打印或保存的文档（pdf）。用户可以在不同模块间进行切换和修改，但用户必须认识到在某个模块中的修改会影响到其他模块（模块间数据是共享的）。

当前农民养分管理措施及产量：该模块提供了当前农民养分管理措施及可获得产量的总体概况。该模块的输出报告是一个包括肥料施用时间、肥料施用量及肥料N、P_2O_5、K_2O用量的概要性表格。

养分优化管理施肥量：该模块在预估的产量反应和农学效率养分管理原则基础上，推荐出一定目标产量下的氮、磷、钾肥料需要量；也可通过已有信息对某个新地区可获得产量和产量反应进行预估进而推荐施肥。其他影响养分供应的因素或措施，如有机肥的投入（粪便）、作物残茬管理、上季作物管理等，都需要考虑，从而调整氮、磷、钾肥料的施用量。

肥料种类及分次施用：该模块帮助用户将推荐的氮、磷、钾养分用量转换为当地已有的单质或复合肥料用量，并符合SSNM优化施肥原则。该模块的输出报告是一个针对特定生长环境的最佳养分指导原则，即包括选择合适的肥料种类、确定合适的施肥量及合适的施肥时间。

效益分析：该模块比较了当前农民施肥措施及推荐施肥措施两种方式下预估经济效益或实际经济效益。它展示了一定目标产量下推荐施肥管理措施带来的预期收益变化。经济效益分析需要用户定义农产品和种子价格，肥料投入成本是根据"设置"页面中用户所定义的试验地点的肥料价格来计算。输出报告显示了一个简单的利润分析，包括收入、化肥和种子成本、预期效益及采用优化施肥带来的效益的变化。

设置页面：设置页面可以作为用户对当地具体信息的自定义数据库，如田块面积单位及产量（地点描述）、当地已有的肥料种类、养分含量及价格（无机肥料、有机肥料）。输入的数据或信息都会在关闭页面后自动保存。

6.1.2 软件使用和操作步骤

（1）打开 NE Wheat. mde 启动该软件。

（2）在【主页】，点击【设置】（在主页的右上方）。

①点击【地点描述】、【无机肥料】和【有机肥料】，查看或补充地点信息及肥料品种、养分含量和价格信息。

②点击【关闭】返回【主页】。输入或选择的数据将会保存以备 5 个模块调用。现在就可以准备运行不同的模块了。

（3）在【主页】，点击代表 4 个模块的 4 个按钮中的任何一个。在所选模块（如当前农民养分管理措施），依次回答屏幕上连续显示每一个问题。

（4）点击页面右下角的【下一步】进入下一个模块。也可以通过点击模块标签切换到其他任意模块（如养分优化管理施肥量）。

（5）注意：问题后面的 ⬚ 按钮可以链接到对该问题的解释或简短的背景介绍。

（6）你可以在任何时间通过点击【返回】或模块标签切换返回到前一个模块。

（7）如果要打印某个模块的报告或输出结果，可以点击页面左下角的【报告】按钮。

（8）点击【重置】按钮将会清除当前模块所有已输入的数据或回答的问题，点击【关闭】按钮会关闭当前模块并返回到【主页】。一旦返回【主页】或切换到其他模块，该模块所有已输入数据会自动保存。

（9）要关闭并退出软件，点击【主页】和【退出】即可。

6.1.2.1 设置界面

输入信息：当地面积单位和产量单位，标准单位为"公顷"和"千克"。标明有效 N、P_2O_5、K_2O 养分含量的当地化肥种类及每千克化肥的价格。标明有效 N、P_2O_5、K_2O 养分含量的当地有机肥或有机物料种类及每千克有机肥的价格。

输出信息：这些信息用于软件不同的模块和函数调用，小麦养分专家系统能够储存或保存当地具体信息，如当地计量单位、可用肥料种类及价格。当首次使用或在新的区域使用该软件时，用户首先需要进入"设置"窗口进行设置。再次使用已知地点信息，用户仅需要选择地点和编辑已有的信息。

地点描述（图 6-2）：用户可以选择区域、省份和生长季节，选择或添加一个地名。当地面积单位、籽粒产量单位与标准单位的转换（如公顷、千克）已经在本页输入，当需要时，可以在软件的其他模块调用。如果输入了几个位置信息，要确认一定在地点信息旁边激活（使已输入地点信息处于"打钩"状态）以确保输入的地点信息处于"激活"状态。

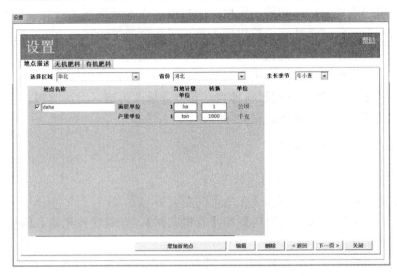

图 6-2　小麦养分专家系统设置界面中的地点描述界面

　　无机肥料（图 6-3）：用户可以通过选择已有的肥料清单或/和添加新的肥料种类，确认化肥信息齐全。其中，化肥信息包括肥料养分含量（N％、P_2O_5％、K_2O％）及每千克的肥料价格。注意：对于每一个地点，肥料的种类、养分含量及价格信息必须齐全。点击"编辑"按钮可编辑、修改和输入肥料信息，输入"数值"后，点击"保存"按钮。

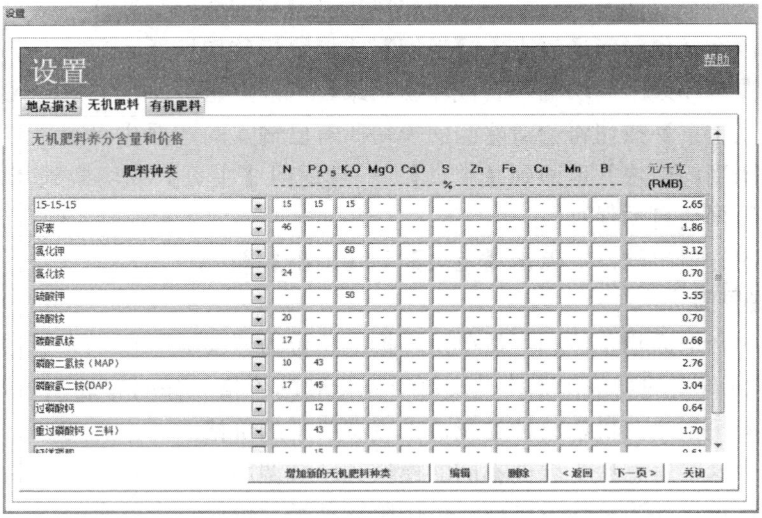

图 6-3　小麦养分专家系统设置界面中的无机肥料设置界面

　　有机肥料（图 6-4）：用户可以通过选择已有的有机肥清单或/和添加新的有机肥种类，确认有机肥料信息齐全。有机肥信息包括养分含量（N％、P_2O_5％、K_2O％）及有机肥料的价格。

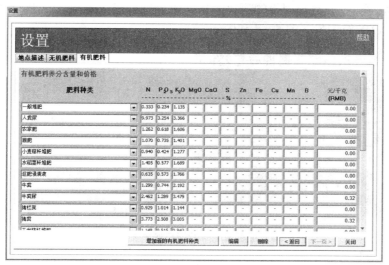

图 6-4　小麦养分专家系统设置界面中的有机肥料设置界面

6.1.2.2　当前农民养分管理措施

输入信息：当前农民一般气候条件下该季作物的产量。当前农民养分管理措施——肥料用量（无机肥料、有机肥料）、施肥时间。

输出信息：当前农民养分管理措施的概要表格（每次 N、P_2O_5、K_2O 的施用量）。

无机肥料和有机肥料 N、P_2O_5、K_2O 的总施用量。

当前农民养分管理措施及产量是指农民在作物生长季节肥料投入情况。它包括小麦不同生长阶段施用的肥料种类及用量（图 6-5）。用户需要提供肥料的施用量（以千克表

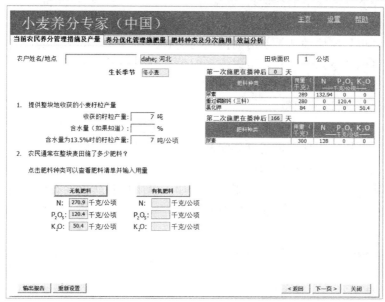

图 6-5　小麦养分专家系统中的当前农民养分管理措施及产量界面

示）及施用时间或以播种后时间表示（DAP）。该模块的输出是包含了每次施用的肥料种类和 N、P_2O_5、K_2O 肥料施用量的概要表格，也分别列出了来自无机肥料和有机肥料的 N、P_2O_5、K_2O 的施用量（图 6-6 和图 6-7）。

第一次施肥在播种后 [0] 天

肥料种类	用量（千克）	N	P_2O_5	K_2O
			——千克/公顷——	
尿素	289	132.94	0	0
重过磷酸钙（三料）	280	0	120.4	0
氯化钾	84	0	0	50.4

第二次施肥在播种后 [166] 天

肥料种类	用量（千克）	N	P_2O_5	K_2O
			——千克/公顷——	
尿素	300	138	0	0

图 6-6　每次施肥时的无机肥料施用量界面

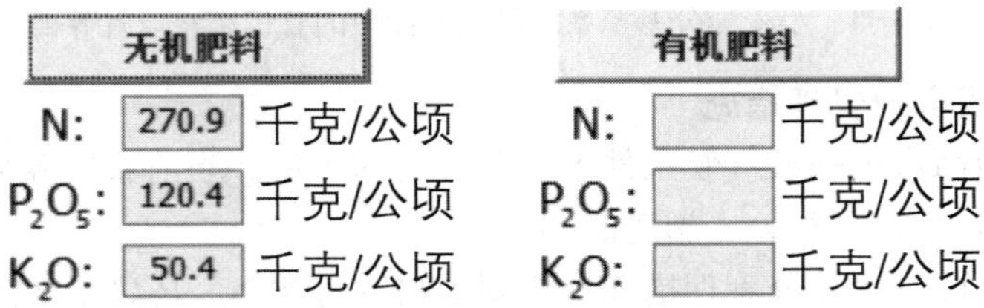

无机肥料		有机肥料	
N:	270.9 千克/公顷	N:	千克/公顷
P_2O_5:	120.4 千克/公顷	P_2O_5:	千克/公顷
K_2O:	50.4 千克/公顷	K_2O:	千克/公顷

图 6-7　小麦季总的无机和有机肥料施用量界面

小麦养分专家系统需要提供一般气候条件下过去 3～5 年可获得的产量（不包括飘忽不定的气候条件下异常季节的产量）。如果籽粒含水量未知，则软件将按照 13.5% 的标准含水量将其转化为标准产量数值。

在【效益分析】模块预估效益时需调用当前农民养分管理措施下的产量，同时，当可获得的产量（目标产量）未知时，可以参考农民养分管理下的产量预估可获得产量。当前养分管理措施还可以用于计算肥料投入成本。

6.1.2.3　养分优化管理施肥量

输入信息：估计可获得产量：如果知道可以直接填入数值；否则可以通过一些可选项进行估算，包括作物生长环境描述（如灌溉或雨养、旱涝发生频率、除氮磷钾外的其他土壤障碍因子）。估计作物对氮磷钾肥的产量反应：如果知道可以直接填入数值；否则可以通过一些可选项进行估算，包括土壤肥力指标如土壤质地和颜色、有机肥施用情况、上季作物信息（产量、施肥量和秸秆还田情况）。作物秸秆处理方式，有机肥施用和上季作物养分带入情况。

输出信息：根据可获得目标产量和产量反应给出的氮磷钾需要量。养分平衡或必要的调整（图 6-8）。

6.1.2.4　肥料种类及分次施用

输入信息：可为当地使用的无机肥料（单质肥料和复合肥料）——已经在设置中

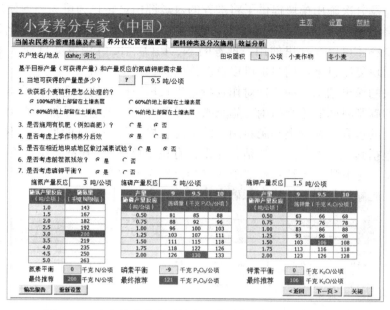

图 6-8 小麦养分专家系统中的养分优化管理施肥量界面

确认。

输出信息：将推荐的氮磷钾肥用量转化为可为当地使用的单质或复合肥料用量。

根据作物生长环境提出包括合适的肥料种类、合理的肥料用量和合适的施肥时间的施肥指南。

图 6-9 小麦养分专家系统中的肥料种类和分次施肥推荐界面

肥料种类及分次施用模块提供了将推荐的氮磷钾用量转化为可为当地使用的物化的单质肥料或复合肥料用量。需要注意的是，那些复合肥料中，只有能满足优化分次施用指导方法的复合肥料才可以在这里使用。推荐的 N、P_2O_5、K_2O 用量会自动从【养分优化管理施肥量】模块复制过来，用户也可以自己修改这些数值（图 6-9）。

这个模块的输出结果是一个针对作物特定生长环境确定的合适肥料种类、合理的肥料用量和合适的施肥时间的施肥指南。施肥指南以两种方式表达：①推荐必须在作物关键生育期分次施用的包含肥料种类和肥料用量的汇总表格，②一页纸的推荐，不仅包括肥料管理指南，还包括其他相关信息（如秸秆还田、有机肥施用），并推荐施用石灰（如果土壤 pH<5.3）及其他中微量元素的施肥指导（如果缺乏）。同时包括一个指示小麦关键生育期的时间表。肥料用量根据地块面积确定，以千克表示（图 6-10）。

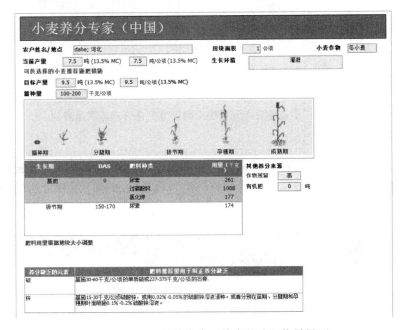

图 6-10　小麦养分专家系统中的施肥指导界面

6.1.2.5　确定作物生育期施肥次数

取决于农民的喜好和土壤肥力水平，用户可选择两次或三次分次施用氮肥。

分两次施用：用户可以选择以下任何选择项将氮肥分两次施用：40∶60、50∶50、60∶40 比例及"指定基肥施用比例"。当土壤基础氮养分供应为低、中、高级别时分别建议氮肥分次施用比例分别为 40∶60、50∶50、60∶40。"指定基肥施用"允许用户输入具体的基肥施用比例，数值在 20～80。

分 3 次施用：用户可以选择 33∶33∶33 比例或"指定基肥施用比例"。"指定基肥施用"选项允许用户指定具体的基肥施用比例，数值在 10%～60%。

氮肥分次施用的注意事项：第一次施肥的实际施用比例可能根据选择的肥料种类（单质或复合肥）不同而较原选定施肥比例略有变化，采用单质肥料较易实现选定施肥比例，而施用复合肥料较难一些。第一次施肥选用复合肥时，首先以磷肥用量来计算（磷肥用量决定着复合肥的用量），这就意味着氮肥用量可能较原计划用量增加或降低。第二、三次肥料用量（尿素）可从总用量与第一次施肥量之差来决定。

6.1.2.6 经济效益分析

输入信息：小麦销售价格，种子价格，化肥价格（从设置栏中用户定义的已有肥料价格估算）。

输出信息：比较农民习惯施肥措施与推荐施肥措施的预计成本和收益。

图 6-11　小麦养分专家系统中经济效益分析界面

效益分析模块（图 6-11）比较了农民当前施肥措施和推荐施肥措施预计投入和收益。该分析模块需要用户提供小麦销售价格和种子价格。通常情况下，推荐的小麦播种量为 150 千克/千米^2。用户可以适当修改播种量，在对应的数据框中输入数值即可。所有推荐施肥措施成本和收益都是预期的，该值取决于用户定义的肥料、种子和产品价格，并假定目标产量能够实现。

6.2　包膜控释肥料的释放期及配施比例试验研究

改变传统施肥方式、降低化肥特别是氮肥施用量、提高作物产量和氮肥利用率成为当务之急。肥料利用率低的主要原因在于绝大部分化学肥料为速溶性肥料，施入土壤后可在短期内溶解、释放，而大量养分的集中释放不可能全部被作物吸收利用，即肥料释放的养分不符合作物的养分需求规律，部分养分通过各种途径损失致使肥料利用率下降。减缓与控制肥料养分的溶解及释放速度是提高肥料利用率、减少因养分流失引起的环境污染问题最有效的途径之一。控释肥的出现为解决这一问题提供了可能。研究表明，控释肥具有养分释放与作物需求同步，挥发、淋溶、固定少，减轻环境污染等优点，能够显著提高作物产量和氮肥利用率。但是由于控释肥料的价格比普通肥料高 2.5～8 倍，世界上控释肥的用量仅占化肥用量的 0.15%，主要用于经济价值较高的花卉、蔬菜、果树和草坪等植物，因此，降低控释肥料的应用成本成为其进一步推广发展的关键。在"九五""十五"期间，在国内研发较早的溶剂型再生树脂包膜技术，所生产的包膜控释尿素价格是普通尿素的 1.5～1.6 倍，为聚合物包膜控释肥料在大田作物上的应用提供了物质基础。另外，从应用效果来看，单一的控释肥料很难满足不同作物各生育期的需肥要求，所以应根据不同作物各生育期的需肥规律，将不同养分释放速率的肥料配合施用，才能有效调节养分供应速率。国内推出的适于大田作物施用的控释肥料实际上也是以包膜尿素为控释氮源，掺混普通化肥而成的控释 BB 肥。一方面由于其养分的释放具有一定的控释效果，包膜控释氮肥与普通氮肥一次性配施，既能满足冬小麦全生育期对氮素的需求，又能减少追肥用工和氮肥的挥发、淋溶损失，提高肥料利用率；另一方面由于只控制部分养分的释放，所以降低了包膜控释肥料的应用成本，生产操作简单，成为大田生产中推广应用包膜控释肥料的一个合理有效途径。

6.2.1 施肥方法

小麦常规施肥方法，基肥于播种前撒施，翻耕入土；追肥于小麦拔节期结合灌溉或降水撒施地表。适宜的氮肥基追比为 6：（4～9），全部磷钾肥作基肥施用。冬小麦一次性施肥技术，是指选用聚合物包膜控释氮肥或控释掺混肥料，采用种、肥同播方式，将全部的氮、磷、钾等养分一次性施入，满足小麦全生育期需肥要求，不再追施拔节肥的一次性施肥技术。其中，包膜控释氮肥的养分释放期为 60～90 天，包膜控释氮肥与普通氮肥的最优化配比（按照提供纯氮数量计算）为（2～3）：3。将全部的氮、磷、钾等养分随小麦播种一次性施入，施肥沟位于播种行一侧 8～12 厘米，施肥深度 10～15 厘米。避免种肥接触。

6.2.2 不同释放期包膜控释氮肥与普通氮肥配施在冬小麦上的应用效果研究

小麦生长期长达 240～260 天，普通氮肥若只施基肥易造成小麦籽粒灌浆期脱肥，追肥则需要额外的施肥用工，同时也增加了氮肥的挥发和淋溶损失。以不同释放期的包膜控释尿素与普通尿素一次性配施，一方面由于其养分的释放具有一定的控释效果，因此一次性施用可使作物生长后期不脱肥，普通尿素的应用是为了弥补前期控释尿素释放少而作为小麦苗期生长所需；另一方面由于只控制部分养分的释放，所以降低了包膜控释肥料的应用成本，达到小麦生育后期对氮肥的需要，为包膜控释肥料在大田作物上的应用提供了可能。目前，不同释放期的包膜控释尿素与普通尿素一次性配施在冬小麦上的应用效果鲜见报道。为此，本文在冬小麦上采用不同释放期的包膜控释尿素与普通尿素配合施用，通过对产量、氮肥利用率、经济效益及包膜控释尿素氮素溶出特征的综合分析，总结出适合冬小麦生长的包膜控释尿素的施用技术，为肥料企业生产适合于冬小麦施用的包膜控释尿素的类型与普通尿素的配比提供理论依据。

6.2.2.1 材料与方法

试验于 2008 年 10 月在山东省泰安市农业科学研究院试验基地进行（图 6-12），研究区域位于北纬36°11′，东经117°08′，属温带季风性气候，年均降水量为697毫米，供试土壤为轻壤土，供试作物为冬小麦，前茬作物为夏玉米，0～20厘米土壤有机质含量12.27克/千克，碱解氮82.40毫克/千克，有效磷29.40毫克/千克，速效钾111.70毫克/千克，pH6.9。

图6-12　不同释放期包膜控释氮肥小麦应用试验

供试的3种不同释放期的包膜控释氮肥（PCU），由北京首创新型肥料有限公司生产，释放期分别为30、60、90天，包膜率分别为5.81%、8.32%、6.72%，含氮量分别为43.3%、42.2%、42.9%。包膜控释氮肥在25℃静水中氮素溶出速率见图6-13。普通氮肥尿素（U）的含氮量为46.0%。

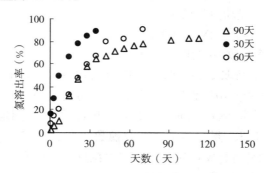

图6-13　包膜控释氮肥在25℃静水中的氮素累计溶出率

试验采用随机区组设计，试验小区长4.5米、宽6.0米、面积27.0米²。试验共设5个处理：①CK₁（不施氮肥）；②CK₂（习惯施肥：40% UN基施＋60% U N追施）；③30%PCU30＋70%U（基施）；④30%PCU60＋70%U（基施）；⑤30%PCU90＋70%U（基施）。每个处理3次重复。不同释放期的包膜控释氮量占总施氮量的30%。

包膜控释氮肥埋袋处理：称取释放期为30、60、90天的包膜控释氮肥各5克，缝合在孔径1毫米的塑料网袋内，各18袋（共54袋，每次取3袋），定位埋植在保护行内、深度为1 020厘米的土中，插牌标出。

供试小麦品种为泰山23号，于2008年10月12日播种，基本苗150万株/公顷。小麦种植畦宽1.5米，每畦人工播种6行，行距0.25米，每个处理种3畦，3次重复。各处理施纯氮289.5千克/公顷（CK₁不施肥），纯磷（P_2O_5）196.5千克/公顷，纯钾

（K_2O）220.5 千克/公顷，磷、钾肥在播种前作基肥一次施入。除氮肥外，生育期内按冬小麦高产栽培技术规程进行管理（施肥方案见表 6-1）。

表 6-1　各处理施肥方案

处理	施氮量（千克/公顷）		施磷量（千克/公顷）	施钾量（千克/公顷）
	基肥	追肥（拔节期）		
CK_1	0	0	196.5	220.5
CK_2	173.7	115.8	196.5	220.5
30％PCU30＋70％U	289.5	0	196.5	220.5
30％PCU60＋70％U	289.5	0	196.5	220.5
30％PCU90＋70％U	289.5	0	196.5	220.5

各处理在小麦生育期内于三叶期、封冻前、返青期、拔节期、扬花期、灌浆期和成熟期取植株样品，采用开氏法测定全氮；采用蒸馏法测定包膜控释尿素在 25℃静水中和埋在田间的氮素溶出率。包膜控释尿素氮素养分累积溶出率一般可用一级动力学反应方程 $N_t＝N_0 [1-exp（-kt）]$ 来进行描述，其中，N_0 为溶质最大溶出率，此处，$N_0＝100\%$，由于包膜控释肥料中养分是可以 100％释放的，但实际测定时未能测到 100％，所以氮素养分累积溶出率一级动力学反应方程为

$$N_t＝100 [1-exp（-kt）]$$

式中，k 为氮素溶出速率常数，t 为时间（天）。

每小区在取样区用土钻取 3 钻，取后立即放入封口袋中，取样深度为 0～20、20～40、40～60、60～80 和 80～100 厘米，共 5 层，不同层次的土壤样品共计 270 个。土壤硝态氮含量采用连续流动分析仪（TRAAS2000/CFA，德国）测定。在收获前 1～2 天每个处理调查 3 个点共 1.5 米² 测定冬小麦有效穗数。在成熟期，取未采样的两畦收获计产；并随机选取 30 穗植株进行室内考种，测定穗粒数、千粒重等。

氮肥利用率采用差值法计算，其公式为

氮肥利用率＝（施氮区吸氮量—无氮区吸氮量）/施肥量×100％

土壤氮的依存率是指土壤氮对作物营养氮的贡献率，其计算公式为

土壤氮依存率＝无氮区吸氮量/施氮区吸氮量×100％

数据统计分析应用 SPSS 17.0 软件进行，采用 LSD 方法进行差异显著性检验。

6.2.2.2　结果与分析

（1）包膜控释尿素与普通尿素一次性配施对冬小麦氮素累积量、氮肥利用率和土壤氮依存率的影响。由表 6-2 可看出，施用氮肥后冬小麦氮素总积累量显著增加。在施氮量相等的条件下，包膜控释氮肥与普通氮肥一次性配施处理，氮素总积累量显著高于习惯施肥（CK_2）处理，且 30％PCU60＋70％U 处理与 30％PCU90＋70％U 处理差异不显著，但均显著高于 30％PCU30＋70％U 处理。

从成熟期籽粒氮素积累量来看，包膜控释氮肥与普通氮肥一次性配施处理显著高于习

惯施肥（CK$_2$）处理；30％PCU90＋70％U 处理与 30％PCU60＋70％U 处理差异不显著，但显著高于 30％PCU30＋70％U 处理；30％PCU30＋70％U 处理与 CK$_2$ 处理差异不显著。从成熟期营养器官氮素积累量来看，包膜控释氮肥与普通氮肥一次性配施处理显著高于习惯施肥（CK$_2$）处理；30％PCU60＋70％U 处理与 30％PCU90＋70％U 处理差异不显著，但均显著高于 30％PCU30＋70％U 处理。

表 6-2　不同处理冬小麦成熟期氮素累积量、氮肥利用率及土壤氮依存率

处理	氮素总累积量（千克/公顷）	籽粒氮素累积量		营养器官氮素累积量		氮肥利用率（％）	土壤氮依存率（％）
		累积量（千克/公顷）	占总氮的百分比（％）	累积量（千克/公顷）	占总氮的百分比（％）		
CK$_1$	228.5c	183.5d	80.3	45d	19.7	—	—
CK$_2$	316.7b	255.7c	80.7	61c	19.3	30.5c	72.2a
30％PCU30＋70％U	327.5b	261.2bc	79.8	66.3b	20.2	34.2b	69.8a
30％PCU60＋70％U	342.2a	269.4ab	78.7	72.8a	21.3	39.3a	66.8b
30％PCU90＋70％U	347.1a	273.8a	78.9	73.3a	21.1	41.0a	65.8b

注：同列不同字母表示差异达显著（$P<0.05$）水平。

由表 6-2 还可以看出，包膜控释氮肥与普通氮肥一次性配施处理（30％PCU30＋70％U、30％PCU60＋70％U、30％PCU90＋70％U）极大提高了氮肥利用率，降低了土壤氮的依存率；氮肥利用率比习惯施肥（CK$_2$）处理分别提高 3.7、8.8、10.5 个百分点，其中，30％PCU90＋70％U 处理氮肥利用率最高，为 41.0％；土壤氮的依存率比习惯施肥处理分别低 2.4、5.4、6.4 个百分点，其中，30％PCU90＋70％U 处理最低，为 65.8％。

（2）包膜控释尿素与普通尿素一次性配施对冬小麦不同生育时期总分蘖数的影响。从表 6-3 可以看出，与习惯施肥处理（CK$_2$）相比，30％PCU60＋70％U 和 30％PCU90＋70％U 处理小麦全生育期各阶段总分蘖数均呈现不同程度的增加趋势，但差异不显著，表明释放期分别为 60 和 90 天的包膜控释氮肥与普通氮肥一次性配施，能够满足小麦全生育期营养生长需求。而 30％PCU30＋70％U 处理在小麦冬前期至拔节期，总分蘖数与习惯施肥处理（CK$_2$）相比差异不显著，但在扬花期至收获期，其总分蘖数明显少于习惯施肥处理（CK$_2$）及 30％PCU60＋70％U 和 30％PCU90＋70％U 两处理，差异显著。表明释放期 30 天的包膜控释氮肥与普通氮肥一次性配施，能够满足小麦生长发育前期的营养生长需求，但在小麦进入扬花灌浆期后，出现了明显的脱肥现象。30％PCU60＋70％U 和 30％PCU90＋70％U 两处理间小麦各生育期总分蘖数差异不显著，但在返青期至收获期，30％PCU90＋70％U 处理的总分蘖数均略高于 30％PCU60＋70％U 处理，表明 30％PCU90＋70％U 处理在小麦生长中后期有着更加稳定的氮素供应水平。

表6-3　不同处理冬小麦在不同生育时期的总分蘖数

处　　理	冬前期 （×10⁴/公顷）	返青起身期 （×10⁴/公顷）	拔节期 （×10⁴/公顷）	扬花期 （×10⁴/公顷）	灌浆期 （×10⁴/公顷）	收获期 （×10⁴/公顷）
CK₁	598.2b	947.4c	938.2c	523.6c	493.8c	480.9c
CK₂	826.6a	1 495.7b	1 398.5b	640.1a	614.1a	586.8a
30%PCU30+70%U	824.9a	1 488.4b	1 394.0b	601.6b	575.4b	561.9b
30%PCU60+70%U	839.8a	1 547.7ab	1 472.4a	650.1a	622.3a	606.8a
30%PCU90+70%U	834.7a	1 567.8a	1 482.7a	663.5a	630.5a	617.6a

（3）包膜控释尿素与普通尿素一次性配施对冬小麦产量及产量构成因子的影响。由表6-4可以看出，与习惯施肥处理（CK₂）相比，30%PCU60+70%U和30%PCU90+70%U处理小麦产量三要素均呈现不同程度的增加趋势，但差异不显著；而30%PCU30+70%U处理在穗数、穗粒数上较CK₂有所下降，在千粒重上有所增加，但差异均不显著。各处理产量水平表现为：30%PCU90+70%U＞30%PCU60+70%U＞CK₂＞30%PCU30+70%U＞CK₁。数据表明，释放期30天的包膜控释氮肥与普通氮肥一次性配施（30%PCU30+70%U处理），由于小麦灌浆期出现脱肥现象，与习惯施肥处理（CK₂）相比，小麦产量下降了5.4%；释放期60、90天的包膜控释氮肥与普通氮肥一次性配施（30%PCU60+70%U、30%PCU90+70%U处理），能够满足小麦全生育期营养生长需求，与习惯施肥处理（CK₂）相比，小麦产量分别增加了3.4%和4.7%，其中30%PCU90+70%U处理小麦产量达到了8 406.0千克/公顷，显著高于习惯施肥处理（CK₂）。

表6-4　不同处理对冬小麦产量及产量构成因子的影响

处　　理	穗数 （×10⁴穗/公顷）	穗粒数（粒/穗）	千粒重 （克）	产量 （千克/公顷）	增产率（%） 比CK₁增产	增产率（%） 比CK₂增产
CK₁	480.9c	30.7c	47.8c	5 716.5d	0	—
CK₂	586.8a	35.2ab	51.7b	8 028.0b	40.4	0
30%PCU30+70%U	561.9b	34.5b	53.2ab	7 594.5c	32.9	−5.4
30%PCU60+70%U	606.8a	35.8ab	53.6ab	8 301.7ab	45.2	3.4
30%PCU90+70%U	617.6a	36.2a	54.1a	8 406.0a	47.0	4.7

（4）包膜控释尿素氮素溶出特征。不同释放期的包膜控释尿素在25℃静水和小麦田间的氮素溶出特征见图6-3。包膜控释尿素养分释放主要受温度和水分因素影响，但在土壤含水量高于土壤田间持水量40%时养分释放仅受温度影响。据2008—2009年泰安市气象资料表明，冬小麦全生育期内，天然降水量总量为195.2毫米，且冬前和返青期又各灌水一次，雨水与灌水总量足够满足冬小麦对水分的需求，因此，土壤水分条件在本试验中不是影响包膜控释尿素养分释放的主要因素。此外，冬小麦生长期间日平均气温8.5℃，远低于实验室恒温25℃。从田间埋袋法测定的包膜控释尿素养分溶出速率与

25℃静水溶出速率相比较（图6-14）可以看出，包膜控释尿素在小麦田间的溶出速率显著低于在25℃静水中的溶出速率，说明温度是影响本试验包膜控释尿素养分释放的主要因素。土壤低温条件下，包膜控释尿素养分释放速率显著下降，这与Cabrera等的研究结果相一致。

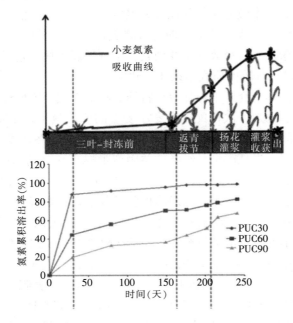

图6-14　包膜控释尿素（60天）在25℃静水和小麦田间的氮素溶出特征

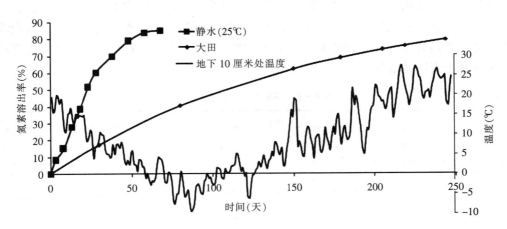

图6-15　不同释放期包膜控释尿素在小麦大田中的氮素溶出特征

由图6-15可以看出，释放期为30天的包膜控释尿素，在小麦苗期至越冬前快速释放，其田间氮素溶出率达到80%以上，可以视为释放完全，因此在小麦拔节期至灌浆期的需肥高峰期出现脱肥现象。而释放期为60和90天的包膜控释尿素，在小麦苗期至越冬前的田间氮素溶出率仅为45%和20%左右，小麦越冬期气温较低，养分缓慢释放并且积存在土壤耕层中，小麦拔节期至灌浆期气温回升，控释养分加速释放，与小麦拔节期至灌浆期的需肥高峰期基本吻合，从而为小麦籽粒灌浆提供了充足的氮素营养供应。

关于包膜控释尿素控释性能的评价已有报道，日本采用测定肥料在水中的溶出率的方法对肥料进行评价。近年来，一些学者对控释肥料的养分释放速率已进行了系统的研究，并建立了一些养分释放速率模型。包膜控释尿素养分释放主要受温度和水分因素影响，但在土壤含水量高于土壤田间持水量 40％时养分释放仅受温度影响。基于此，在本试验中，温度是影响包膜控释尿素养分释放的主要因素。土壤低温条件下包膜控释尿素养分释放速率显著下降，这与 Cabrera 等的研究结果相一致。

本试验从产量、包膜控释尿素养分溶出特征、经济效益等方面综合分析了不同释放期的包膜控释尿素与普通尿素一次性配施在冬小麦上的应用效果，结果表明，释放期为 60 天和 90 天的包膜控释尿素与普通尿素一次性配施，既能满足冬小麦全生育期对氮素营养的需求，又能减少用工、提高产量，经济效益因产量提高和劳动力投入减少而明显增加。而释放期为 30 天的包膜控释尿素与普通尿素一次性配施，在小麦苗期至越冬前快速释放，因此在小麦拔节期至灌浆期的需肥高峰期出现脱肥现象，不能满足小麦全生育期营养生长需求，从而造成了小麦减产和经济效益下降。释放期为 90 天以上的包膜控释尿素与普通尿素一次性配施，其小麦产量水平与经济效益情况仍需进一步试验佐证。

（5）不同处理冬小麦经济效益。从表 6-5 可以看出，与 CK$_2$ 相比，30％PCU30＋70％U、30％PCU60＋70％U、30％PCU90＋70％U 三处理的氮肥成本分别提高了 284.3、342.7、411.9 元/公顷；净收入 30％PCU30＋70％U 处理减少了 721.2 元/公顷，30％PCU60＋70％U、30％PCU90＋70％U 两处理分别增加了 422.6、530.7 元/公顷。其中，30％PCU30＋70％U 处理净收入远低于 CK$_2$，30％PCU90＋70％U 处理经济效益最高，且在本试验中，随包膜控释尿素释放期的延长，氮肥投入成本依次增加，经济效益也依次提高。综上所述，释放期为 60 和 90 天的包膜控释尿素与普通尿素一次性配施，既能满足冬小麦全生育期对氮素营养的需求，又能减少用工、提高产量，经济效益因产量提高和劳动力投入减少而明显增加。

表 6-5　不同处理的经济效益

处　　理	产量（千克/公顷）	产值（元/公顷）	氮肥用量（千克/公顷）		氮肥成本（元/公顷）	追肥劳动力投入（元/公顷）	净收入（元/公顷）
			U	PCU			
CK$_1$	5 716.5	9 718.1	0	0	0	0	9 718.1
CK$_2$	8 028.0	13 647.6	629.4	0	1 258.8	300	12 088.8
30％PCU30＋70％U	7 594.5	12 910.7	440.6	200.6	1 543.1	0	11 367.6
30％PCU60＋70％U	8 301.7	14 112.9	440.6	205.8	1 601.5	0	12 511.4
30％PCU90＋70％U	8 406.0	14 290.2	440.6	202.4	1 670.7	0	12 619.5

注：表内尿素价格以 2008 年 10 月的市场价格计算（中国化工信息网），冬小麦价格以 2009 年 7 月的市场价格计算（三农网），普通尿素 2 000 元/吨，30 天释放期的包膜控释氮肥 3 300 元/吨，60 天释放期的包膜控释氮肥 3 500 元/吨，90 天释放期的包膜控释氮肥 3 900 元/吨，追肥劳动力投入 300 元/公顷，冬小麦 1 700 元/吨。

6.2.3　不同量的包膜控释氮肥与普通氮肥配施在冬小麦上的应用研究

目前，全量或减量施用包膜控释氮肥对冬小麦的增产效果及其环境效应已有报道，但肥料投入成本相对较高，农民不易接受，难以在生产上大面积推广应用。当前市场上推广应用的控释 BB 肥，控释氮素占总养分的 15%～30%，成本相对较低，农民易于接受，但是对其应用效果及环境效应尚缺乏系统研究。为此，本文依据冬小麦的吸氮动态，在大田生产中选择不同比例的包膜控释尿素与普通尿素一次性配施，综合分析了冬小麦产量、效益、氮肥利用率、土壤硝态氮累积及包膜控释尿素田间溶出特征，为企业配方及冬小麦生产中应用包膜控释尿素提供理论依据。

6.2.3.1　材料与方法

试验于 2008 年 10 月在山东省泰安市农业科学研究院试验基地进行（图 6 - 16、图 6 - 17）。供试的包膜控释尿素由北京首创新型肥料有限公司于 2008 年 2 月生产，释放期为 60 天，包膜控释尿素的包膜率是 8.3%，含氮量是 42.2%，包膜控释尿素在 25℃水中的氮素释放速率见图 6 - 14。供试作物为冬小麦泰山 23，前茬作物为夏玉米。供试土壤为轻壤土，0～20 厘米土壤有机质 12.27 克/千克，碱解氮 82.40 毫克/千克，有效磷 29.40 毫克/千克，速效钾 111.70 毫克/千克，pH 6.9。

试验采用随机区组设计，小区面积 4.5 米×6.0 米，小麦种植畦宽 1.5 米，每畦人工播种 6 行，行距 0.25 米，每个

图 6 - 16　包膜控释尿素试验

处理种 3 畦，3 次重复。设 6 个处理：①CK₁，不施氮肥；②CK₂，习惯施肥，60% U 基施，40% U 拔节期追施；③PCU₁，10% PCU60＋90% U；④PCU₂，20% PCU60＋80% U；⑤PCU₃，30% PCU60＋70% U；⑥PCU₄，40% PCU60＋60% U。其中，PCU 为包膜控释尿素，U 为普通尿素，具体施肥量见表 6 - 6。

表 6 - 6　各处理施肥方案

处理	施氮量（千克/公顷）		施磷量（千克/公顷）	施钾量（千克/公顷）
	基肥	追肥（拔节期）		
CK₁	0	0	196.5	220.5
CK₂	173.7	115.8	196.5	220.5
PCU₁	289.5	0	196.5	220.5
PCU₂	289.5	0	196.5	220.5
PCU₃	289.5	0	196.5	220.5
PCU₄	289.5	0	196.5	220.5

包膜控释尿素埋袋处理：称取包膜控释尿素各 5 克，装入 1 毫米孔径的塑料网袋中封口，定位埋在保护行土壤中，深度 10～20 厘米，插牌标示，共 21 袋，每个生育时期取 3 袋。

供试冬小麦于 2008 年 10 月 12 日播种，基本苗 150 万株/公顷。各处理施纯氮 289.5 千克/公顷（CK_1 不施氮肥），纯磷（P_2O_5）196.5 千克/公顷，纯钾（K_2O）220.5 千克/公顷。磷、钾肥在播种前作基肥一次施入。除氮肥外，生育期内按冬小麦高产栽培技术规程进行管理。

各处理在小麦生育期内于三叶期、封冻前、返青期、拔节期、扬花期、灌浆期和成熟期取植株样品，采用开氏法测定全氮；采用蒸馏法测定包膜控释尿素在 25℃ 静水中和埋在田间的氮素溶出率。

包膜控释尿素氮素养分累积溶出率一般可用一级动力学反应方程 $N_t = N_0 [1 - \exp(-kt)]$ 来进行描述，其中，N_0 为溶质最大溶出率，此处，$N_0 = 100\%$，由于包膜控释肥料中养分是可以 100% 释放的，但实际测定时未能测到 100%，所以氮素养分累积溶出率一级动力学反应方程为：$N_t = 100 [1 - \exp(-kt)]$，式中，$k$ 为氮素溶出速率常数，t 为时间（天）。

每小区在取样区用土钻取 3 钻，取后立即放入封口袋中，取样深度为 0～20、20～40、40～60、60～80 和 80～100 厘米，共 5 层，不同层次的土壤样品共计 270 个。土壤硝态氮含量采用连续流动分析仪（TRAAS2000/CFA，德国）测定。在收获前 1～2 天每个处理调查 3 个点共 1.5 米² 测定冬小麦有效穗数。在成熟期，取未采样的两畦收获计产；并随机选取 30 穗植株进行室内考种，测定穗粒数、千粒重等。

氮肥利用率采用差值法计算，其公式为

$$氮肥利用率 = （施氮区吸氮量 — 无氮区吸氮量）/施肥量 \times 100\%$$

土壤氮的依存率是指土壤氮对作物营养氮的贡献率，其计算公式为

$$土壤氮依存率 = 无氮区吸氮量/施氮区吸氮量 \times 100\%$$

数据统计分析应用 SPSS 17.0 软件进行。采用 LSD 方法进行差异显著性检验。

6.2.3.2 结果与分析

（1）包膜控释尿素不同用量与普通尿素一次性配施对冬小麦氮素累积量、氮肥利用率和土壤氮依存率的影响。由表 6-7 可以看出，施用氮肥后冬小麦氮素总累积量显著增加。在施氮量相等的情况下，与 CK_2 相比，包膜控释尿素与普通尿素一次性配施处理氮素总累积量、籽粒氮素累积量表现为：PCU_1 显著减少；PCU_2、PCU_3、PCU_4 显著增加。各处理氮素总累积量、籽粒氮素累积量随着包膜控释尿素用量的增加而增加。PCU_1、PCU_2、PCU_3、PCU_4 处理间籽粒氮素累积量差异显著，其中 PCU_1 最低，PCU_4 最高。从营养器官氮素累积量来看，PCU_2 最高，为 61.52 千克/公顷，显著高于包膜控释尿素其他各处理，但与 CK_2 处理无显著性差异。说明在同一施肥水平下，随着包膜控释尿素用量的增加，成熟期籽粒中的氮素分配量增加，而营养器官中的氮素残留量降低，氮素向籽粒中的分配量增加。

表 6-7　不同处理冬小麦成熟期氮素累积量、氮肥利用率及土壤氮依存率

处理	氮素总累积量（千克/公顷）	籽粒氮素累积量		营养器官氮素累积量		氮肥利用率（%）	土壤氮依存率（%）
		累积量（千克/公顷）	占总氮的百分比（%）	累积量（千克/公顷）	占总氮的百分比（%）		
CK₁	216.5e	178.7f	82.5	37.8e	17.5	—	—
CK₂	323.4c	264.6d	77.0	58.8ab	23.0	36.9c	66.9c
PCU₁	304.4d	253.1e	77.1	51.4d	22.9	30.4d	71.1d
PCU₂	332.9b	271.4c	76.6	61.5a	23.4	40.2b	65.0b
PCU₃	337.4b	279.8b	78.0	57.6bc	22.0	41.7b	64.2b
PCU₄	346.7a	292.2a	79.0	54.5c	21.0	45.0a	62.4a

注：同列不同字母表示差异达显著（$P < 0.05$）水平。

由表 6-7 还可以看出，与 CK₂ 相比，PCU₁ 的氮肥利用率显著降低 6.5%，而 PCU₂、PCU₃、PCU₄ 分别显著增加 3.3%、4.8% 和 8.1%；PCU₁ 的土壤氮依存率显著提高 4.2%，而 PCU₂、PCU₃、PCU₄ 分别显著降低 1.9%、2.7% 和 4.5%。各处理随着包膜控释尿素用量的增加，氮肥利用率逐渐增加，而土壤氮依存率逐渐降低。

（2）不同用量包膜控释尿素与普通尿素一次性配施对冬小麦不同生育时期总分蘖数的影响。从表 6-8 可以看出，总体上，随着包膜控释尿素用量的增加，冬小麦返青起身至收获期总分蘖数呈逐渐增加趋势。冬前，PCU₁、PCU₃、PCU₄ 与 CK₂ 间无显著差异；返青起身期：PCU₁、PCU₂ 与 CK₂ 间无显著差异，PCU₃、PCU₄ 比 CK₂ 显著增加，PCU₃、PCU₄ 比 PCU₁、PCU₂ 显著增加；拔节期，PCU₂、PCU₃、PCU₄ 间无显著差异，三者分别比 PCU₁、CK₂ 显著增加，PCU₁ 与 CK₂ 间无显著差异；扬花期，PCU₁ 比 CK₂ 显著减少，PCU₂、PCU₃、PCU₄ 与 CK₂ 无显著差异，PCU₂、PCU₃、PCU₄ 比 PCU₁ 显著增加，PCU₄ 比 PCU₂ 显著增加；灌浆期，PCU₂、PCU₃、PCU₄、CK₂ 间无显著差异，但均显著高于 PCU₁；收获期，PCU₂、PCU₃、CK₂ 间无显著差异，但均显著高于 PCU₁，显著低于 PCU₄。

表 6-8　不同处理冬小麦在不同生育时期的总分蘖数

处理	冬前期（×10⁴/公顷）	返青起身期（×10⁴/公顷）	拔节期（×10⁴/公顷）	扬花期（×10⁴/公顷）	灌浆期（×10⁴/公顷）	收获期（×10⁴/公顷）
CK₁	581.5c	921.0c	912.0c	509.0d	480.0c	467.5d
CK₂	803.5a	1 454.0b	1 359.5b	632.0ab	612.5a	584.0b
PCU₁	800.0a	1 443.5b	1 352.0b	583.5c	558.0b	545.0c
PCU₂	789.5b	1 466.5b	1 407.5a	622.5b	596.0a	582.0b
PCU₃	814.5a	1 501.0a	1 428.0a	630.5ab	603.5a	588.5b
PCU₄	809.5a	1 520.5a	1 438.0a	643.5a	611.5a	599.0a

（3）不同用量包膜控释尿素与普通尿素一次性配施对冬小麦不同生育时期地上部总生物量的影响。由表 6-9 可以看出，总体上，随着包膜控释尿素用量的增加，地上部总生

物量呈逐渐增加趋势。与 CK_2 相比，PCU_1 地上部总生物量在三叶期至扬花期较高，但无显著差异，灌浆期至收获期显著降低；PCU_2 地上部总生物量在封冻前较高，但无显著差异，返青起身期至拔节期显著提高，扬花期至收获期无显著差异；PCU_3 地上部总生物量在封冻期至拔节期显著提高，扬花期至灌浆期较高，但无显著差异，收获期显著提高；PCU_4 地上部总生物量在封冻期至拔节期显著提高，扬花期至灌浆期无显著差异，收获期显著提高。

从表 6-9、表 6-10 可以看出，PCU_4 处理收获期穗数为 599 万穗/公顷，地上部总生物量为 17 746 千克/公顷，显著高于其他各处理；而 PCU_1 处理收获期穗数为 545 万穗/公顷，地上部总生物量为 15 838 千克/公顷，显著低于其他各施肥处理。可见，基施氮肥过多容易造成冬小麦早春旺长，消耗过多的养分，不利于生长后期的分蘖成穗。因此，通过合理施肥培肥地力，提高冬小麦单位面积有效穗数是提高其产量的有效措施之一。

表 6-9　不同处理冬小麦在不同生育时期地上部总生物量（千克/公顷）

处理	三叶期	封冻前	起身期	拔节期	扬花期	灌浆期	收获期
CK_1	510b	630d	750c	2 940d	5 104c	7 859c	11 111e
CK_2	570ab	795c	945b	3 390c	7 369ab	13 040a	16 509c
PCU_1	615a	885bc	945b	3 450c	7 172b	11 345b	15 838d
PCU_2	610ab	900bc	1 170a	3 765b	7 222ab	12 885a	16 798bc
PCU_3	630a	930b	1 155a	3 900ab	7 565a	12 911a	17 262ab
PCU_4	660a	1 080a	1 125a	3 955a	7 539a	12 860a	17 746a

表 6-10　不同处理对冬小麦产量及产量构成因子的影响

处理	穗数（$\times10^4$ 穗/公顷）	穗粒数（粒/穗）	千粒重（克）	平均产量（千克/公顷）	增产率（%）比 CK_1 增产	比 CK_2 增产
CK_1	467.5d	30.9ec	49.8d	6 716.7d	0	—
CK_2	584.0b	35.9bc	52.5c	8 285.2b	23.4	0
PCU_1	545.0c	34.6d	54.1a	7 385.2c	10.0	0.9
PCU_2	582.0b	35.0cd	53.5ab	8 396.3ab	25.0	1.3
PCU_3	588.5b	36.5ab	52.8bc	8 618.5ab	28.3	4.0
PCU_4	599.0a	37.2a	53.0bc	8 748.1a	30.2	5.6

（4）不同用量包膜控释尿素与普通尿素一次性配施对冬小麦产量及产量构成因子的影响。由表 6-10 可以看出，各处理产量表现为：$PCU_4 > PCU_3 > PCU_2 > CK_2 > PCU_1 > CK_1$。$PCU_4$ 处理每公顷穗数 599 万穗，显著高于其他各处理；各包膜控释尿素处理穗粒重随着其用量的增加而增加；各包膜控释尿素处理千粒重均高于 CK_2 处理，其中以 PCU_1 处理最高，为 54.1 克。可见，PCU_2、PCU_3、PCU_4 处理每公顷穗数和穗粒数的增加保证了其产量的增加，其中 PCU_4 处理产量为 8 748.1 千克/公顷显著高于 CK_2 处理。

（5）包膜控释尿素与普通尿素一次性配施对不同土层土壤硝态氮含量的影响。从表6-
11和图6-17可以看出，每个土层各施肥处理硝态氮累积量和含量都比CK₁显著增加，比
CK₂显著降低；在0～100厘米土层，各处理硝态氮累积量比CK₁显著增加，且随包膜控释
尿素用量的增加依次递减。在40～80厘米土层，CK₂、PCU₁、PCU₂、PCU₃、PCU₄的硝态
氮有一积累峰值，分别为26.95、24.62、23.80、22.43和22.54千克/公顷，分别占0～100
厘米土层中硝态氮总积累量的54.0%、57.3%、55.8%、54.7%和56.8%。

表6-11　不同土壤深度硝态氮积累量（千克/公顷）

处理	土层深度（厘米）					
	0～20	20～40	40～60	60～80	80～100	0～100
CK₁	4.4f	4.1d	6.9e	4.1e	2.3cd	21.7e
CK₂	9.2a	9.9a	14.8a	12.1b	3.9a	49.9a
PCU₁	7.3d	8.5b	12.0c	12.6a	2.5c	43.0b
PCU₂	8.2b	7.5c	14.3b	9.6d	3.2b	42.6b
PCU₃	7.1e	8.2b	10.6d	11.8b	3.4b	41.0c
PCU₄	7.5c	7.6c	11.7c	10.9c	2.0d	39.7d

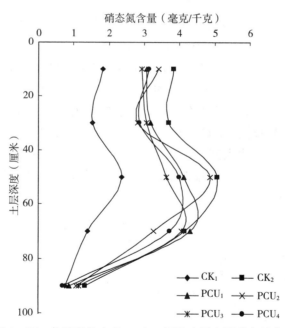

图6-17　各处理冬小麦0～100厘米土层土壤硝态氮分布

（6）包膜控释尿素氮素溶出特征。图6-18为实验室25℃静水溶出法和田间埋袋法
测定结果通过动力学方程计算出的氮素释放情况。实验室静水溶出法和田间埋袋法的方程
拟合度r_2分别为0.994 7和0.977 3。实验室静水溶出法测定的包膜控释尿素初期养分溶
出率为3.3%，28天为60.4%，48.6天为80.0%；田间埋袋法测定的包膜控释尿素初期
养分溶出率为1.6%，28天为16.1%，243.2天为80.0%。表明包膜控释尿素在田间243

天氮素累积溶出了80%，释放期远大于实验室测定的48.6天。其中，播种至三叶期（30天）氮素累积溶出17.4%；三叶期至封冻前（50天），氮素累积溶出23.2%；封冻前至返青期（70天），氮素累积溶出21.7%；返青期至拔节期（29天），氮素累积溶出6.6%；拔节期至扬花期（26天），氮素累积溶出4.9%；扬花期至灌浆期（14天），氮素累积溶出2.3%；灌浆期至收获期（25天），氮素累积溶出3.7%。

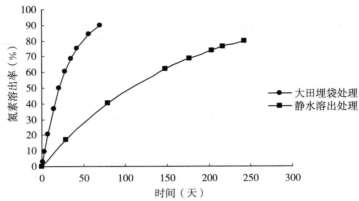

图 6-18　包膜控释尿素氮素累积溶出率的一级动力学方程曲线

（7）不同处理冬小麦经济效益。从表6-12可以看出，与CK_2相比，PCU_1、PCU_2、PCU_3和PCU_4氮肥成本分别提高100.7、201.3、302.0和402.7元/公顷；净收入PCU_1减少1 030.7元/公顷，PCU_2、PCU_3和PCU_4分别增加587.5、864.6和984.23元/公顷。其中，PCU_1净收入远低于CK_2，PCU_4经济效益最高，且随包膜控释尿素用量的增加，氮肥投入成本依次增加，经济效益也依次提高。控释肥料的价格一般比普通肥料高2.5~8倍，即使用再生塑料的包膜控释尿素，每吨价格也要比普通尿素高1 000~1 500元，冬小麦全量或减量施用包膜控释尿素成本太高，效果不理想，而包膜控释尿素与普通尿素一次性配施既能满足冬小麦对氮素的需求，又能减少用工、提高产量，经济效益因产量提高和劳动力投入减少而明显增加。

表 6-12　不同处理的经济效益

处理	产量（千克/公顷）	产值（元/公顷）	氮肥用量（千克/公顷） U	氮肥用量（千克/公顷） PCU	氮肥成本（元/公顷）	追肥劳动力投入（元/公顷）	净收入（元/公顷）
CK_1	6 051.9	10 288.2	0	0	0	0	10 288.2
CK_2	8 285.2	14 084.8	629.4	0	1 258.7	300	12 226.1
PCU_1	7 385.2	12 554.8	566.4	68.7	1 359.4	0	11 195.5
PCU_2	8 396.3	14 273.7	503.5	137.3	1 460.0	0	12 813.7
PCU_3	8 618.5	14 651.5	440.6	205.9	1 560.7	0	13 090.8
PCU_4	8 748.1	14 871.8	377.6	274.6	1 661.4	0	13 210.4

注：表内尿素价格以2008年10月的市场价格计算（中国化工信息网），冬小麦价格以2009年7月的市场价格计算（三农网），普通尿素2 000元/吨，60天释放期的包膜尿素3 500元/吨，追肥劳动力投入300元/公顷，冬小麦1 700元/吨。

本试验从产量、包膜控释尿素养分溶出特征、经济效益等方面综合分析了10%～40%用量的释放期60天的包膜控释尿素与普通尿素一次性配施在冬小麦上的应用效果，结果表明随着包膜控释尿素用量的增加，包膜控释尿素处理产量和经济效益均增加，但是没有对40%以上的包膜控释尿素与普通尿素配比对产量和经济效益的影响进行研究。杨雯玉等曾研究了50%包膜控释氮素与50%普通尿素氮素一次性配施对冬小麦的影响情况，与普通习惯施肥相比，冬小麦产量显著增加，经济效益提高566.4元/公顷，而本试验当包膜控释尿素在总氮量40%的条件下，经济效益就提高984.3元/公顷。孙克刚等研究了70%、50%、30%控释氮素分别与30%、50%、70%普通氮素一次性配施与100%普通尿素对比对冬小麦的影响情况，结果表明冬小麦产量显著增加，但没有进行经济效益评价。因此，从目前他人研究结果来看，冬小麦氮素最佳配施比例还很难确定，还需对占总氮量40%以上的包膜控释氮素的经济效益进行评价。

6.3　控释专用肥一次性施肥技术与示范

6.3.1　山东省泰安市岱岳区马庄镇冬小麦示范

冬小麦一次性施肥在山东省泰安市岱岳区马庄镇南李村、北李村示范应用50公顷，小麦品种为泰山23，于2011年10月13日播种，2012年5月15日召开技术培训会，6月9日收获（图6-19、图6-20）。示范田一次性施肥和习惯施肥等氮量设计，施肥配比为$N：P_2O_5：K_2O=24：12：9$，由北京富特来复合肥料有限公司统一加工生产。其中，冬小麦控释专用肥中控释氮肥占40%（以纯氮计），尿素氮占60%；农民习惯施肥中氮肥全部来自尿素。控释氮肥采用释放期为60天的包膜控释尿素，含氮量42.2%。不同处理示范面积、施肥配方、施肥方式、施氮量、控释专用肥施肥量见表6-13。小麦收获期进行测产和考种。

图6-19　泰安市岱岳区马庄镇冬小麦示范

图6-20　泰安市岱岳区马庄镇冬小麦示范技术培训会

表 6 - 13 马庄镇冬小麦一次性施肥示范方案

处 理	面积 (公顷)	施肥方式	施氮量 (千克/公顷)	施肥量 (千克/公顷)
一次性施肥	50	N：P_2O_5：K_2O＝24：12：9（含控释氮肥 40%）一次性基施	252	1 050
习惯施肥	50	50%氮肥和磷钾肥基施，50%氮肥在拔节期追施	252	

由表 6 - 14 可以看出，冬小麦一次性施肥示范与农民习惯施肥对照相比，冬小麦产量增加了 741.3 千克/公顷，增幅为 8.6%，有效穗数、穗粒数和千粒重分别增加了 3.1%、3.5%和 2.6%，表明控释专用肥一次性施用的氮素供应符合冬小麦全生育期的氮素需求规律，特别是能够满足小麦生长中后期对于氮素的营养需求，从而实现小麦增产。

表 6 - 14 冬小麦产量及产量因子

处 理	有效穗数 (×10^4 穗/公顷)	穗粒数 (粒/穗)	千粒重 (克)	产量 (千克/公顷)
一次性施肥	677.8	35.3	46.5	9 313.8
习惯施肥	647.2	34.1	45.3	8 572.5

由表 6 - 15 可以看出，冬小麦一次性施肥示范区的大幅增产也带来了显著的经济效益增长。与农民习惯施肥对照区相比，虽然施用包膜控释专用肥比习惯施肥的肥料投入成本增加了 397.8 元/公顷，但冬小麦的产量增加了 741.3 千克/公顷，产值增加了 1 482.6 元/公顷，同时减少小麦追肥劳动力支出成本 300 元/公顷，增收节支远远超过了施肥成本的增加部分。因此，一次性施肥示范区的净收入显著增加了 1 384.9 元/公顷，增幅达到 8.8%，说明冬小麦控释专用肥一次性施肥相比农民习惯施肥更能提高农业效益，实现农民增收。

表 6 - 15 冬小麦经济效益分析

处 理	产量 (千克/公顷)	产值 (元/公顷)	氮肥成本 (元/公顷)	追肥劳力成本 (元/公顷)	净收入 (元/公顷)
一次性施肥	9 313.8	18 627.6	1 493.4	0	17 134.2
习惯施肥	8 572.5	17 145.0	1 095.7	300	15 749.3

注：2012 年当地小麦平均价格 2.0 元/千克，尿素 2 000 元/吨，包膜控释尿素 3 500 元/吨。

6.3.2 山东省枣庄滕州市级索镇冬小麦示范

冬小麦一次性施肥在山东省枣庄滕州市级索镇千佛阁村示范应用 42 公顷，小麦品种为济麦 22，于 2014 年 10 月 12 日播种，2015 年 5 月 12 日召开技术宣传及现场观摩会（图 6 - 21、图 6 - 22），6 月 11 日收获。示范田一次性施肥和农民习惯施肥等氮量设计，施肥配比为 N：P_2O_5：K_2O＝24：12：9，由北京富特来复合肥料有限公司统一加工生产。其中，冬小麦控释专用肥中控释氮肥占 40%（按纯氮计），尿素氮占 60%；习惯施肥中氮肥全部来自尿素。控释氮肥采用释放期为 60 天的包膜控释尿素，含氮量 42.2%。不同处理示范面积、施肥配方、施肥方式、施氮量、控释专用肥施肥量见表 6-16。小麦收获期进行测产和考种。

图 6-21　滕州市级索镇冬小麦示范现场观摩会

图 6-22　滕州市级索镇冬小麦示范

表 6-16　级索镇冬小麦一次性施肥示范方案

处　理	面积（公顷）	配方、施肥方式	施氮量（千克/公顷）	施肥量（千克/公顷）
一次性施肥	42	$N：P_2O_5：K_2O＝24：12：9$（含控释氮肥 40%）一次性基施	216	900
习惯施肥	40	50%氮肥和磷钾肥基施，50%氮肥在拔节期追施	216	全部磷钾肥和 50%的氮肥作基肥；50%的氮肥在小麦拔节期追施

由表 6-17 可以看出，一次性施肥与习惯施肥对照相比，冬小麦产量增加了 520.1 千克/公顷，增幅为 6.4%，有效穗数、穗粒数和千粒重分别增加了 3.1%、1.7%和 1.8%，表明控释专用肥一次性施用的氮素供应更加符合冬小麦全生育期的氮素需求规律，特别是能够满足小麦生长中后期对于氮素的营养需求，从而实现小麦增产。

表 6-17　冬小麦产量及产量因子

处　理	有效穗数（×10⁴ 穗/公顷）	穗粒数（粒/穗）	千粒重（克）	产量（千克/公顷）
一次性施肥	628.4	36.1	46.2	8 653.5
习惯施肥	609.5	35.5	45.4	8 133.4

由表 6-18 可以看出，一次性施肥示范区的大幅增产也带来了显著的经济效益增长。与习惯施肥相比，虽然施用包膜控释专用肥比习惯施肥的肥料投入成本增加了 339.2 元/公顷，但冬小麦的产量增加了 520.1 千克/公顷，产值增加了 1 092.2 元/公顷，远远超过了施肥成本的增加部分。因此，一次性施肥示范区的净收入显著增加了 1 052.9 元/公顷，增幅达到 6.6%，增收效益显著。

表 6 - 18　冬小麦经济效益分析

处　理	产量 （千克/公顷）	产值 （元/公顷）	氮肥成本 （元/公顷）	追肥劳动力成本 （元/公顷）	净收入 （元/公顷）
一次性施肥	8 653.5	18 172.35	1 231.4	0	16 940.9
习惯施肥	8 133.4	17 080.1	892.2	300	15 888.0

注：2014 年当地小麦平均价格 2.1 元/千克，尿素 1 900 元/吨，包膜控释尿素 3 400 元/吨。

6.3.3　河南省新乡市凤泉区耿黄乡冬小麦示范

冬小麦一次性施肥技术在河南省新乡市凤泉区耿黄乡西鲁堡村示范应用 40 公顷，小麦品种为济麦 22，于 2013 年 10 月 10 日播种，2014 年 5 月 16 日召开现场培训会，6 月 11 日收获（图 6 - 23、图 6 - 24）。示范田一次性施肥和习惯施肥等氮量设计，施肥配比为 N：P_2O_5：K_2O＝24：12：9，由北京富特来复合肥料有限公司统一加工生产。其中，冬小麦控释专用肥中控释氮肥占 40%（以纯氮计），尿素氮占 60%；农民习惯施肥中氮肥全部来自尿素。控释氮肥采用释放期为 60 天的包膜控释尿素，含氮量 42.2%。不同处理示范面积、施肥配方、施肥方式、施氮量、控释专用肥施肥量见表 6 - 19。小麦收获期进行测产和考种。

图 6 - 23　新乡市耿黄乡冬小麦示范　　　　图 6 - 24　新乡市耿黄乡冬小麦示范现场培训会

表 6 - 19　耿黄乡冬小麦一次性施肥示范方案

处　理	面积 （公顷）	配方、施肥方式	施氮量 （千克/公顷）	施肥量 （千克/公顷）
一次性施肥	40	N：P_2O_5：K_2O＝24：12：9（含控释氮肥 40%） 一次性基施	270	1 125
习惯施肥	40	50%氮肥和磷钾肥基施，50%氮肥在拔节期追施	270	

由表 6 - 20 可以看出，与习惯施肥对照相比，冬小麦产量增加了 951.4 kg 千克/公顷，增幅为 11.4%，有效穗数、穗粒数和千粒重分别增加了 6.4%、2.0% 和 1.5%，说明控释专用肥一次性施肥提高了冬小麦产量。

表 6 - 20　冬小麦产量及产量因子

处　理	有效穗数（×10⁴ 穗/公顷）	穗粒数（粒/穗）	千粒重（克）	产量（千克/公顷）
一次性施肥	656.4	35.3	46.8	9 277.5
习惯施肥	617.2	34.6	46.1	8 326.1

由表 6 - 21 可以看出，与习惯施肥相比，虽然施用包膜控释专用肥比习惯施肥的肥料投入成本增加了 426.2 元/公顷，但免除了小麦追肥用工，节省劳动力支出成本 300 元/公顷；同时，冬小麦增产 951.4 千克/公顷，产值增加了 1 902.8 元/公顷。因此，一次性施肥示范区的净收入显著增加了 1 776.6 元/公顷，增幅达到 11.7%，说明冬小麦控释专用肥一次性施肥能够显著提高农业经济效益，实现农民增收。

表 6 - 21　冬小麦经济效益分析

处　理	产量（千克/公顷）	产值（元/公顷）	氮肥成本（元/公顷）	追肥劳动力成本（元/公顷）	净收入（元/公顷）
一次性施肥	9 277.5	18 555	1 600.1	0	16 954.9
习惯施肥	8 326.1	16 652.2	1 173.9	300	15 178.3

注：2013 年小麦平均价格 2.0 元/千克，尿素 2 000 元/吨，包膜控释尿素 3 500 元/吨。

6.3.4　河南省鹤壁市浚县王庄乡冬小麦示范

冬小麦一次性施肥技术在河南省鹤壁市浚县王庄乡北王庄村、小齐村示范应用 70 公顷，小麦品种为济麦 22，于 2014 年 10 月 7 日播种，2015 年 5 月 9 日召开技术培训会，6 月 11 日收获（图 6 - 25、图 6 - 26）。示范点一次性施肥和习惯施肥等氮量设计，施肥配比为 N：P_2O_5：K_2O＝24：12：9，供试肥料由北京富特来复合肥料有限公司统一加工生产。其中，控释专用肥中控释氮肥占 40%（以纯氮计），尿素占 60%；农民习惯施肥中氮肥全部来自尿素。控释氮肥采用释放期为 60 天的包膜控释尿素，含氮量 42.2%。不同处理示范面积、施肥配方、施肥方式、施氮量、控释专用肥施肥量见表 6 - 22。小麦收获期进行测产和考种。

图 6 - 25　浚县王庄乡冬小麦示范

图 6 - 26　浚县王庄乡冬小麦示范现场培训会

表 6 - 22　王庄乡冬小麦一次性施肥示范方案

处理	面积 （公顷）	配方、施肥方式	施氮量 （千克/公顷）	施肥量 （千克/公顷）
一次性施肥	70	N：P_2O_5：K_2O＝24：12：9（含控释氮肥 40%）一次性基施	252	1 050
习惯施肥	70	50%氮肥和磷钾肥基施，50%氮肥在拔节期追施	252	

　　由表 6 - 23 可以看出，与习惯施肥相比，一次性施肥示范区冬小麦产量增加了 561.1 千克/公顷，增幅为 7.1%，有效穗数、穗粒数和千粒重分别增加了 4.7%、3.6% 和 2.7%。说明技术示范区控释专用肥一次性施肥技术提高了冬小麦产量。

表 6 - 23　冬小麦产量及产量因子

处理	有效穗数 （×10^4 穗/公顷）	穗粒数 （粒/穗）	千粒重 （克）	产量 （千克/公顷）
一次性施肥	633.5	34.8	45.9	8 505.7
习惯施肥	605.2	33.6	44.7	7 944.6

　　由表 6 - 24 可以看出，与习惯施肥相比，虽然施用包膜控释专用肥比习惯施肥的肥料投入成本增加了 397.8 元/公顷，但冬小麦的产量增加了 561.1 千克/公顷，产值增加了 1 178.3元/公顷，远远超过了施肥成本的增加部分。因此，一次性施肥示范区的净收入增加了 1 080.6 元/公顷，增幅达到 7.1%，农民增收效益显著。

表 6 - 24　冬小麦经济效益分析

处理	产量 （千克/公顷）	产值 （元/公顷）	氮肥成本 （元/公顷）	追肥劳动力成本 （元/公顷）	净收入 （元/公顷）
一次性施肥	8 505.7	17 862.0	1 493.4	0	16 368.6
习惯施肥	7 944.6	16 683.7	1 095.7	300	15 288.0

　　注：2015 年当地小麦平均价格 2.1 元/千克，尿素 2 000 元/吨，包膜控释尿素 3 500 元/吨。

6.4　一次性施肥技术规程[*]

6.4.1　范围

　　本标准规定了冬小麦一次性施肥技术的具体技术要求与指标。

　　本标准适用于小麦—玉米轮作为主体的黄淮海冬小麦种植区，其他自然生态要素与本区相似的冬小麦种植区亦可参考使用。

6.4.2　规范性引用文件

　　下列文件对于本文件的应用必不可少的。凡是注日期的引用文件，仅所注日期的版本适用

---

　　[*] 本书中的规程为编著者及有关单位编制，非正式国家标准、行业标准。余同。

于本文件。凡是不注日期的引用文件，其最新版本（包括所有的修改单）适用于本文件。

GB 2440   尿素及其测定方法

GB 6549   氯化钾

GB 10205   磷酸一铵、磷酸二铵

GB 15063   复混肥料（复合肥料）

GB 20406   农业用硫酸钾

GB 21634   重过磷酸钙

HG/T 4215   控释肥料

HG/T 4216   缓释/控释肥料养分释放期及释放率的快速检测方法

NY/T 309   全国耕地类型区、耕地地力等级划分

NY 525   有机肥料

6.4.3   术语与定义

下列术语和定义适用于本文件。

6.4.3.1   一次性施肥

一次性施肥是指选用聚合物包膜控释氮肥或控释掺混肥料，采用种、肥同播方式，将全部的氮、磷、钾等养分一次性施入，满足小麦全生育期需肥要求，生长季内不再追施拔节肥的免追肥施肥技术。

6.4.3.2   肥料

肥料是指能直接提供植物必需的营养元素、改善土壤性状、提高植物产量和品质的物质。

6.4.3.3   缓控释肥料

缓控释肥料是指以各种调节机制使其养分最初释放缓慢，延长植物对其有效养分吸收利用的有效期，使其养分按照设定的养分速率和释放期缓慢或控制释放的肥料。

6.4.3.4   掺混肥料

氮、磷、钾 3 种养分中，至少有两种养分标明量的由干混方法制成的颗粒状肥料，称为掺混肥料，也称为 BB 肥。

6.4.3.5   缓控释掺混肥料

缓控释掺混肥料是指由粒径相近的速效肥料和缓控释肥料按照一定比例混合而成的掺混肥料。

6.4.3.6   地力基础

小麦耕地符合 NY/T 309 要求。地势平坦，土层深厚，保水保肥力较强。

6.4.4   肥料种类

6.4.4.1   有机肥

有机肥符合 NY 525 规定。

6.4.4.2   包膜控释氮肥

包膜控释氮肥的养分释放期为 60～90 天，初期养分释放率≤12 ％，28 天累积养分释

放率≤60%，养分释放期的累积养分释放率≥80%。包膜控释氮肥应符合 HG/T 4215 规定，养分释放期及释放率的检测方法符合 HG/T 4216 规定。

6.4.4.3 普通氮肥

普通氮肥由尿素或复混肥料（复合肥料）提供。尿素符合 GB 2440 规定，复混肥料（复合肥料）符合 GB 15063 规定。

6.4.4.4 磷、钾肥

磷、钾肥可由复混肥料（复合肥料）或磷酸一铵、磷酸二铵、重过磷酸钙、氯化钾、硫酸钾等肥料提供。复混肥料（复合肥料）应符合 GB 15063 规定，磷酸一铵、磷酸二铵应符合 GB 10205 规定，重过磷酸钙应符合 GB 21634 规定，氯化钾应符合 GB 6549 规定，硫酸钾应符合 GB 20406 规定。

6.4.4.5 肥料颗粒要求

各类肥料外观均规定为颗粒状产品，无机械杂质，直径 2～4.75 毫米。

6.4.4.6 适宜配比

包膜控释氮肥与普通氮肥按照一定比例配合施用，其最优化配比（按照提供纯氮数量计算）为 4∶6 或 5∶5。

6.4.4.7 施肥量

目标产量及肥料推荐配方见表 6-25。

表 6-25 小麦目标产量及肥料推荐用量表

目标产量（千克/公顷）	施肥量（千克/公顷）		
	氮（N）	磷（P₂O₅）	钾（K₂O）
<7 500	190～220	75～90	90～110
7 500～9 000	220～250	90～105	110～130
>9 000	250～270	105～130	130～160

6.4.4.8 施肥方法

所有有机肥在秸秆还田后撒施，将小麦控释专用肥或控释氮肥、氮肥、磷肥、钾肥一次性撒施，然后旋耕或深耕入土。

7 聚合物包膜控释肥料在夏玉米上的应用

7.1 推荐施肥方法

玉米是我国重要的粮食作物之一，具有广泛的用途，如食用、饲料和工业原材料等。玉米是我国种植面积最广的粮食作物，截止到 2013 年，我国玉米种植面积为 3 630 万公顷，玉米总产量为 21 850 万吨，单产水平达到了 6.0 吨/公顷。为满足人口增长需要，全球的玉米产量到 2050 年需要增加 45 000 万吨，而中国的玉米产量占全球玉米产量的 21.4％。因此，中国的玉米生产力在保证国家乃至世界的粮食安全都起着重要作用。

随着高产玉米品种的不断更新及化肥施用量的增加，大幅度提高了我国玉米产量，但过量的化肥施用导致了土壤养分累积、肥料利用率低下，并带来了严重的环境污染问题。调查结果调查显示，我国玉米单位面积化肥施用量 2007 年比 2001 年增加了 29％，平均氮肥施用量达到了 273 千克/公顷（以纯氮计）。如何比较精确地确定施肥量对于玉米养分管理至关重要。依据土壤养分测试值和目标产量计算施肥量，通过有机无机配施培肥地力、优化种植密度、水分和养分管理措施，借助叶色卡和 SPAD 仪对玉米实施无损的养分检测等方法都可以提高玉米产量和养分利用率，缩小产量差。然而，如何使推荐施肥和养分管理的方法更简便、快捷，并且农民容易接受是当前我国养分管理所面临的挑战。本研究通过多年多点的田间试验对玉米养分专家系统进行验证和改进，旨在土壤测试不及时或条件不具备情况下建立一种简便、易懂、适合我国小农户为经营主体的玉米推荐施肥和养分管理方法。

玉米养分专家系统（中国版本）中考虑了不同气候和轮作制度下的玉米种植系统，依据玉米养分吸收差异将玉米分成春玉米和夏玉米两部分。玉米养分专家系统是基于计算机的决策支持系统，能够在中国帮助当地的科研人员/技术推广人员迅速给出玉米的施肥决策。玉米养分专家系统通过确定当地的目标产量及为达到这个目标产量提供合理的施肥管理措施，从而能够帮助农民提高产量和经济效益。该软件仅需要农民或当地的科研人员提供一些简单的信息。通过回答一系列简单的问题，用户就可以得到基于当地特点（如玉米生长环境）及当地可利用的肥料资源的施肥指导。该系统还可以通过比较农民习惯施肥和推荐施肥措施的成本和收益，提供简单的经济效益分析。另外，玉米养分专家系统提供了快捷帮助、即时的图表概要，加上软件中一些模块增加了导航的适用性，使该软件在设计上成为一种易学的工具。

玉米养分专家系统提供的施肥指导原则与实地养分管理技术（SSNM）相一致，并且基于 SSNM 以下目标：充分利用农田基础养分资源，提供充足的氮、磷和钾及其他肥料养分，使养分胁迫降到最低并获得高产，在短、中期内获得高的效益，避免作物养分的奢侈吸收，保持土壤肥力。玉米养分专家系统可以帮助您：推荐田块最佳的种植密度，评估农户当前的养分管理措施，基于可获得产量确定一个有意义的目标产量，给出选定目标产量下的氮、磷和钾施肥量，将氮、磷和钾施肥量转换为肥料实物量，确定适用的施肥措施（合适的用量、合适的肥料种类、合适的位置、合适的施用时间），比较当前农民和推荐施肥两种措施下预期的经济效益。

7.1.1　玉米养分专家系统基本模块

玉米养分专家系统包括 5 个模块（图 7 - 1），每个模块至少包含两个问题，用户在一系列供选答案中选择和（或）在设计的文本框中输入数值就可以回答这些问题。每个模块都提供可被打印或保存的文档（pdf）。用户可以在不同模块间进行切换和修改，但用户必须认识到在某个模块中的修改会影响到其他模块（模块间数据是共享的）。

图 7 - 1　玉米养分专家系统包括五大基本模块

当前农民养分管理措施：该模块提供了当前农民养分管理措施及可获得产量的总体概况。该模块的输出报告是一个包括肥料施用时间、肥料施用量及肥料 N、P_2O_5 和 K_2O 用量的概括性表格。

种植密度：该模块提供了包括行距、株距及每穴播种粒数等的当前农民习惯种植密度分析。同时，该模块也提供了可供选择或改良的种植密度，包括行距结构（如宽窄行种植、等行距种植）、行距及株距，以确保最佳的种植密度在 65 000～75 000 株/公顷。

养分优化管理施肥量：该模块在预估的产量反应和基于 SSNM 养分管理原则基础上，推荐出一定目标产量下的氮、磷和钾肥料需要量。也可为根据已有信息对某个新地区进行预估可获得产量和产量反应进行施肥推荐。其他影响养分供应的因素或措施，如有机肥的投入（粪便）、作物残茬管理、上季作物管理等，都需要考虑，从而调整氮、磷和钾的施用量。

肥料种类及分次施用：该模块帮助用户将推荐的氮、磷和钾养分用量转换为当地已有的单质或复合肥料用量，并符合 SSNM 优化施肥原则。该模块的输出报告是一个针对特定生长环境的包括最佳养分管理原则，即合适的肥料种类、合适的施肥量以及合适的施肥时间。该施肥指导也包括最优种植密度的行距和株距推荐。

效益分析：该模块比较了当前农民施肥措施及推荐施肥措施两种方式下预估经济效益或实际经济效益。它展示了一定目标产量下推荐施肥管理措施带来的预期收益变化。经济效益分析需要用户定义农产品和种子价格，肥料投入成本是根据"设置"页面中用户所定义的试验地点的肥料价格来计算。输出报告显示了一个简单的利润分析，包括收入、化肥和种子成本，预期效益及采用优化施肥带来的效益的变化。

7.1.2　软件使用和操作步骤

（1）打开 Nutrient Expert for Hybrid Maize. mde 来启动该软件。

（2）在【主页】，点击【设置】。

（3）点击【地点描述】、【无机肥料】和【有机肥料】，查看或补充地点信息以及肥料品种、养分含量和价格信息。

（4）点击【关闭】返回【主页】。输入或选择的数据将会保存以备五个模块调用。现在就可以准备运行不同的模块了。

（5）在【主页】，点击代表五个模块的五个按钮中的任何一个。在所选模块（如当前农民养分管理措施），依次回答屏幕上连续显示每一个问题。

（6）点击页面右下角的【下一步】进入下一个模块。也可以通过点击模块标签切换到其他任意模块（如养分优化管理施肥量）。

（7）注意：问题后面的 ❘ ? ❘ 按钮可以链接到对该问题的解释或简短的背景介绍。

（8）你可以在任何时间通过点击【返回】或模块标签切换返回到前一个模块。

（9）如果要打印某个模块的报告或输出结果，可以点击页面左下角的【报告】按钮。

（10）点击【重置】按钮将会清除当前模块所有已输入的数据或回答的问题，点击【关闭】按钮会关闭当前模块并返回到【主页】。一旦返回【主页】或切换到其他模块，该模块所有已输入数据会自动保存。

（11）要关闭并退出软件，点击【主页】和【退出】即可。

7.1.2.1 设置页面

设置页是作为一个用户对当地具体信息的自定义数据库，如田块面积单位及产量（地点描述）、当地已有的肥料种类、养分含量及价格（无机肥料、有机肥料）。输入的数据或信息都会在关闭页面后自动保存。

信息输入：当地面积单位和产量单位，标准单位为"公顷"和"千克"。标明有效 N、P_2O_5 和 K_2O 养分含量的当地化肥种类以及每千克化肥的价格。标明有效 N、P_2O_5 和 K_2O 养分含量的当地有机肥或有机物料种类以及每千克有机肥的价格。

信息输出：这些信息用于软件不同的模块和函数调用。玉米养分专家系统能够储存或保存当地具体信息，如当地计量单位、可用肥料种类以及价格。当首次使用或在新的区域使用该软件时，用户需要首先进入"设置"窗口。再次使用已知地点信息，用户仅需要选择地点和编辑已有的信息。

地点描述（图 7-2）：用户可以选择一个国家、选择或添加一个地名。当地面积单位、籽粒产量单位与标准单位的转换（如公顷、千克）已经在本页输入，当需要时，可以在软件的其他模块调用。当地货币单位根据所选国家已经设定为默认值。如果输入了好几个位置信息，要确认一定在地点信息旁边激活（使已输入地点信息处于"打钩"状态）地点信息以确保输入的地点信息处于"激活"状态。

无机肥料（图 7-3）：用户可以通过选择已有的肥料清单或/和添加新的肥料种类，确认化肥信息齐全。其中，化肥信息包括肥料养分含量（N%、P_2O_5%、K_2O%）及每千克的肥料价格。

注意：对于每一个地点，肥料的种类、养分含量及价格信息必须齐全。点击"编辑"按钮可编辑、修改和输入肥料信息，输入"数值"后，点击"保存"按钮。

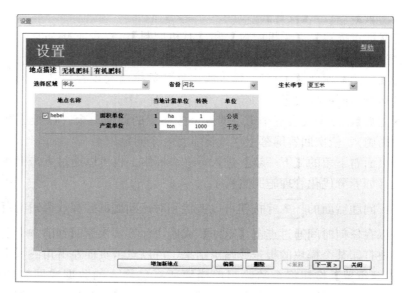

图 7-2　玉米养分专家系统设置界面中的地点描述界面

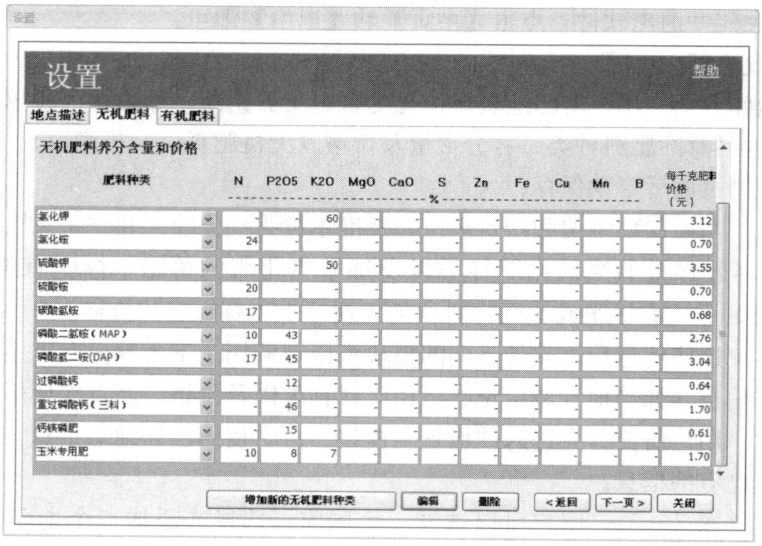

图 7-3　玉米养分专家系统设置界面中的无机肥料设置界面

有机肥料（图 7-4）：用户可以通过选择已有的有机肥清单或/和添加新的有机肥种类，确认有机肥料信息齐全。有机肥信息包括养分含量（N%、P_2O_5%、K_2O%）及有机肥料的价格。

7.1.2.2　当前农民养分管理措施

信息输入：当前农民典型气候条件下该季作物的产量。当前农民养分管理措施——肥料用量（无机肥料、有机肥料）、施肥时间。

信息输出：当前农民养分管理措施的概要表格（每次 N、P_2O_5、K_2O 的施用量）。

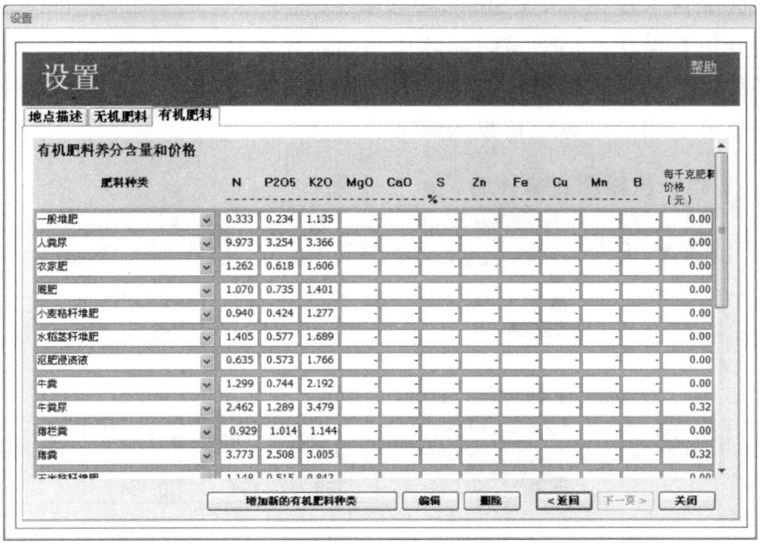

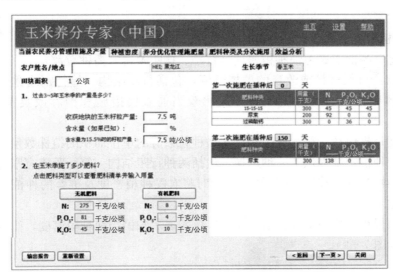

图7-4　玉米养分专家系统设置界面中的有机肥料设置界面

无机肥料和有机肥料 N、P_2O_5、K_2O 的总施用量。

当前农民养分管理措施是指农民在玉米生长季节肥料投入情况。包括玉米不同生长阶段施用的肥料种类及用量（图7-5）。用户需要提供肥料的施用量（单位已在设置中确定）及施用时间或以播种后天数表示（DAP）。该模块的输出是包含了每次施用的肥料种类和 N、P_2O_5、K_2O 肥料施用量的表格。也分别列出了来自无机肥料和有机肥料的 N、P_2O_5、K_2O 的施用量（图7-6和图7-7）。

图7-5　玉米养分专家系统中的当前农民养分管理措施及产量界面

玉米养分专家系统需要提供代表性气候条件下过去3～5年可获得的产量（不包括飘忽不定的气候条件下异常季节的产量）。如果籽粒含水量未知，则软件将按照18％的含水量将其转化为标准含水量为 15.5% 的产量数值。

在【效益分析】模块预估效益时需调用当前农民养分管理措施下的产量，同时，当可获得的产量（目标产量）未知时，可以参考农民养分管理下的产量预估可获得产量。当前养分管理措施还可以用于计算肥料投入成本。

第一次施肥在播种后 ⬜0⬜ 天

肥料种类	用量（千克）	N	P₂O₅	K₂O
		千克/公顷		
15-15-15	300	45	45	45
尿素	200	92	0	0
过磷酸钙	300	0	36	0

第二次施肥在播种后 ⬜150⬜ 天

肥料种类	用量（千克）	N	P₂O₅	K₂O
		千克/公顷		
尿素	300	138	0	0

图 7-6　玉米季每次施肥时的无机肥料施用量界面

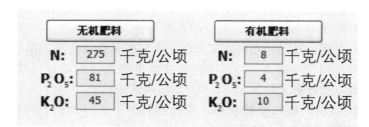

图 7-7　玉米季总的无机和有机肥料施用量界面

7.1.2.3　种植密度

输入信息：当前农民习惯种植密度（行距、株距及每穴播种粒数）。

输出信息：可供选择或改良的种植密度，包括行距结构（等行距或宽窄行）及行距和株距的具体数值选择。以图示的方式比较当前农民措施和推荐改良措施下的种植密度。

种植密度是指包括行距、株距和每穴播种粒数等的单位面积的植株数量。该模块就供选择或改良的种植密度提供了一种选择，包括两种行距结构（等行距或宽窄行）及一系列不同的行距和株距选择数值（图 7-8）。同时将农民种植密度及推荐的种植密度通过图示进行比较（图 7-9）。

受株距和行距影响的最佳种植密度：红色圈表示农民当前种植密度，蓝色圈表示推荐的种植密度（图 7-9）。

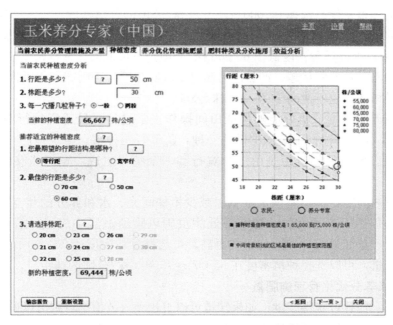

图7-8 玉米养分专家系统中的种植密度界面

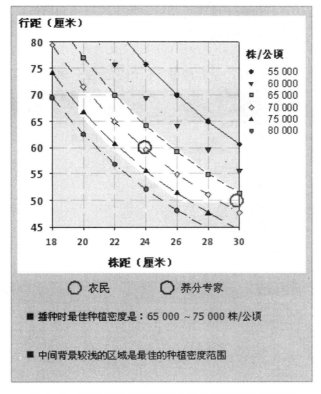

图7-9 玉米养分专家系统中的种植密度比较界面

如何优化种植密度：选择 65 000～75 000 株/公顷的种植密度，每穴一律播种一粒种子。由于雨养条件下植株损失 10% 很常见，收获时保证作物高产的植株密度至少应为 60 000 株/公顷，因此播种密度低于 65 000 株/公顷是不可取的。种植密度在 75 000 株/公顷以上时，除非条件非常优越、产量潜力超过 13 吨/公顷，否则产量很难再提高。在偏干旱条件下，种植密度也不能高于 75 000 株/公顷。

行距：行距宽窄应该恰好能够保证田间操作正常进行。最适宜的行距应该是 50～70 厘米。农民可在两种行距结构中任选一种：①等行距种植。整块地的行距是相同的。②宽窄行种植。整块地的行距是由一个宽行和一个窄行组成，宽行能够使田间操作更容易进行。

株距或行内间距：株距应该足够宽以减少植株间光、水和养分的相互竞争，最佳的行、株距可以创造一个适宜的、能够降低病虫害风险的冠层小气候。最佳的株距应为 20～30 厘米，产量如果为 10 吨/公顷或更高，可选择种植密度达 75 000 株/公顷的株距。对于较低的产量，可以选择种植密度在 65 000～75 000 株/公顷的株距。

7.1.2.4 玉米养分优化管理施肥量

输入信息：估计可获得产量：如果知道可以直接填入数值；否则可以通过一些可选项进行估算，包括作物生长环境描述（如灌溉或雨养，旱涝发生频率，除氮磷钾外的其他土壤障碍因子）。估计作物对氮磷钾肥的产量反应：如果知道可以直接填入数值；否则可以通过一些可选项进行估算，包括土壤肥力指标，如土壤质地和颜色、有机肥施用情况、上季作物信息（产量、施肥量和秸秆还田情况）、作物秸秆处理方式、有机肥施用和上季作物养分带入情况（图 7 - 10）。

输出信息：根据可获得目标产量和产量反应给出的氮、磷、钾需要量。

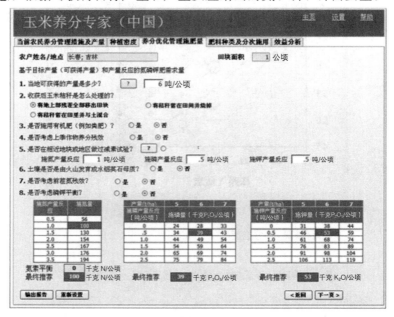

图 7 - 10　玉米养分专家系统中的养分优化管理措施界面

7.1.2.5　肥料种类和分次施用

输入信息：可为当地使用的无机肥料（单质肥料和复合肥料）——已经在设置中确认。

输出信息：将推荐的氮磷钾肥用量转化为可为当地使用的单质或复合肥料用量。根据作物生长环境提出包括合适的肥料种类、合理的肥料用量和合适的施肥时间的施肥指南。

肥料种类及分次施用模块提供了将推荐的氮磷钾用量转化为可为当地使用的物化的单质肥料或复合肥料用量。需要注意的是，那些复合肥料中，只有能满足优化分次施用指导方法的复合肥料才可以在这里使用。推荐的 N、P_2O_5、K_2O 用量会自动从【养分优化管理施肥量】模块复制过来，用户也可以自己修改这些数值（图 7-11）。

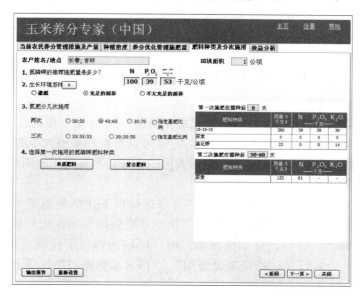

图 7-11　玉米养分专家系统中的肥料种类和分次施肥推荐界面

这个模块的输出结果是一个针对作物特定生长环境确定的合适肥料种类、合理的肥料用量和合适的施肥时间的施肥指南。施肥指南以两种方式表达：①一是推荐必须在玉米关键生育期分次施用的包含肥料种类和肥料用量的汇总表格，②另外的一页纸的推荐，不仅包括肥料管理指南，还包括优化作物种植密度及其他相关信息，如秸秆还田、有机肥施用，同时包括一个指示玉米关键生育期的时间表（图 7-12）。肥料用量根据农田面积确定，以千克/公顷为单位。

关键生育期肥料施用：氮肥可以在作物生长期间分几次施用，以提供充分的氮肥满足作物需求。磷肥和钾肥在作物生长早期施用足够的数量以克服养分缺乏和维持土壤肥力。钾肥通常在作物生长早期和近于中期分两次施用。

3次分施：苗期（播种后 0～7 天），播种至出苗。此生育期施肥对维持作物早期的生长和发育极其重要，特别是充足的磷肥对作物根系的生长必不可少。10 叶期，作物长出10 片完全展开叶。此生育期施肥对维持作物快速稳定生长及 12 叶期籽粒和果穗大小的形成极其重要。VT 期，抽雄期。当期望获得高产或观察到出现氮素缺乏症状时，建议在

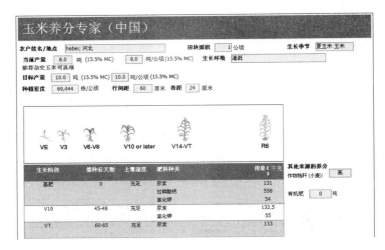

图 7-12　玉米养分专家系统中的施肥指导界面

VT 生长期之前施用氮肥。

　　两次分施：苗期（播种后 0～7 天），播种至出苗。10 叶期，作物长出 10 片完全展开叶。此生育期施肥对维持作物快速稳定生长及 12 叶期籽粒和果穗大小的形成极其重要。

　　如何确定作物生育期施肥次数：取决于农民的喜好，不管氮肥施用量是多少，用户均可选择两次或 3 次分次施用。

　　氮肥分次施用比例：分两次施用：用户可以选择以下比例将氮肥分两次施用：50：50、40：60、30：70 及"指定基肥施用"。"指定基肥施用"允许用户输入具体的基肥施用比例，数值在 20%～60%。分 3 次施用：用户可以选择以下比例将氮肥分三次施用：33：33：33，20：30：50 及"指定基肥施用"。"指定基肥施用"选项允许用户指定具体的基肥施用比例，数值位于 15%～40%。

　　氮肥分次施用的注意事项：第一次施肥的实际施用比例可能根据选择的肥料种类（单质或复合肥）不同而较原选定施肥比例略有变化，采用单质肥料较易实现选定施肥比例，而施用复合肥料较难一些。第一次施肥选用复合肥时，首先以磷肥用量来计算（磷肥用量决定着复合肥的用量），这就意味着氮肥用量可能较原计划用量增加或降低。

　　第二、三次肥料用量（尿素）由第一次施肥量决定。

　　钾肥分次使用。如果推荐的钾肥用量＞60 千克/公顷（以 K_2O 计），第一次施用至少占施用量的 50%，剩下的钾肥在第二次施用。如果钾肥用量≤60 千克/公顷（以 K_2O 计），全部作基肥在第一次施用。

7.1.2.6　经济效益分析

　　输入信息：玉米销售价格、种子价格、化肥价格（从设置栏中用户定义的已有肥料价格估算）。

　　输出信息：比较农民习惯施肥措施与推荐施肥措施的预计成本和收益。

　　效益分析模块（图 7-13）比较了农民当前施肥措施和推荐施肥措施预计投入和收益。该分析模块需要用户提供玉米销售价格和种子价格。用户可以适当修改播种量，在对应的数据框中输入数值即可。所有推荐施肥措施成本和收益都是预期的，该值取决于用户

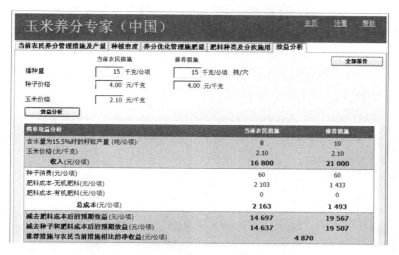

图 7-13 玉米养分专家系统中经济效益分析界面

定义的肥料、种子和产品价格，并假定目标产量能够实现。

7.2 包膜控释肥料的释放期及配施比例试验研究

20 世纪 80 年代以来，聚合物包膜控释肥料由于具有养分释放与作物需求同步，挥发、淋溶和固定少，可减轻环境污染等优点，已成为新型肥料的研究热点。但由于控释肥料的价格比普通肥料高 2.5～8 倍，世界上控释肥的用量仅占化肥用量的 0.15%，其主要用于经济价值较高的花卉、蔬菜、水果生产及草坪等植物上。"九五""十五"期间，在国内研发较早的溶剂型再生树脂包膜技术，目前已用于工业化生产，其价格比普通氮肥价格仅高 1.5～1.6 倍，为聚合物包膜控释肥料在大田作物上的应用提供了物质保证。目前，全量或减量施用包膜控释氮肥对大田粮食作物的增产效果已有报道，但肥料投入成本仍然较高，农民收益不一定增加，难以大面积推广应用。

因此，目前国内推出的适于大田作物施用的控释肥料实际上是以尿素为控释氮源，掺混普通化肥而成的控释 BB 肥。一方面由于其养分的释放具有一定的控释效果，包膜控释氮肥与普通氮肥一次性配合基施，既能满足夏玉米全生育期对氮素的需求，又能减少追肥用工和氮肥的挥发、淋溶损失，提高肥料利用率；另一方面由于控释肥的用量少（一般只占总养分的 15%～30%），所以成本不高，为聚合物包膜控释肥料在大田作物上的大面积推广应用提供了可能。

7.2.1 施肥方法

夏玉米常规施肥分为基肥、种肥、追肥，分别占总施肥量的 40%～60%、5%～10%、30%～60%。夏玉米追肥中拔节肥占 20%～30%，穗肥占 60% 左右，花粒肥占10%。常规施肥方法费时、费工、费力，增加了劳动成本和农民负担（图 7-14）。

夏玉米一次性施肥技术，是指选用聚合物包膜控释氮肥或控释掺混肥料，采用种、肥同播方式，将全部的氮、磷、钾等养分一次性施入，满足玉米全生育期需肥要求，不再追施拔节肥、穗肥、花粒肥的一次性施肥技术。其中包膜控释氮肥的养分释放期为 50～70 天，包膜控释氮肥与普通氮肥的最优化配比（按照提供纯氮数量计算）为 3∶7～4∶6。将全部的氮、磷、钾等养分随玉米播种一次性施入，施肥沟位于播种行一侧 6～10 厘米，施肥深度 10～15 厘米。避免种、肥接触（图 7-15）。

图 7-14　农民习惯施肥（喇叭口期追施）　　　　图 7-15　夏玉米一次性施肥（种、肥同播）

7.2.2　不同释放期包膜控释氮肥与普通氮肥配施应用效果研究

20 世纪 80 年代以来，控释肥料由于具有养分释放与作物需求同步，挥发、淋溶和固定少，可减轻环境污染等优点，已成为新型肥料的研究热点，但由于控释肥料的价格比普通肥料高 2.5～8 倍，世界上控释肥的用量仅占化肥用量的 0.15%，其主要用于经济价值较高的花卉、蔬菜、水果生产及草坪等植物上。因此目前国内推出的适于大田作物施用的控释肥料实际上是以尿素控释氮源，掺混普通化肥而成的控释 BB 肥。一方面由于其养分的释放具有一定的控释效果，因此一次性施用可使作物生长后期不脱肥；另一方面由于只控制部分养分的释放（一般占总养分的 15%～30%），所以成本不高，为大田作物的应用提供了可能。

玉米需肥特点是前轻后重，普通氮肥若只施基肥易造成玉米生长后期脱肥，追肥则需要额外的施肥用工，同时也增加了氮肥的挥发和淋溶损失。一种释放期的包膜控释氮肥与普通尿素以不同比例掺混在夏玉米上的增产效果的研究已有报道，但不同释放期的包膜控释尿素与普通尿素配合基施在夏玉米上的应用效果鲜见报道。为此，本文采用不同释放期的包膜控释尿素与普通尿素配合施用于夏玉米田上（图 7-16），通过对产量、氮肥利用率、经济效益及包膜控释尿素氮素溶出特征的综合分析，总结出适合夏玉米生长的包膜控释尿素，为肥料企业生产及适合于夏玉米施用的包膜控释尿素的配比提供理论依据。

7.2.2.1　材料与方法

试验于 2008 年在山东省泰安市农业科学研究院试验基地进行，研究区域位于北纬 36°11′，东经 117°08′，属温带季风性气候，年均降水量为 697 毫米，供试土壤为轻壤土，供试作物为夏玉米，前茬作物为冬小麦，0～20 厘米土壤有机质含量 12.96 克/千克，全氮 1.16 克/千克，碱解氮 82.44 毫克/千克，有效磷 19.63 毫克/千克，速效钾 126.18 毫

图 7-16 不同释放期包膜控释氮肥玉米应用试验

克/千克，pH 6.9。

供试的 3 种不同释放期的包膜控释氮肥（PCU），由北京首创新型肥料有限公司生产，释放期分别为 30、60、90 天，包膜率分别为 5.81%、8.32%、6.72%，含氮量分别为 43.3%、42.2%、42.9%。包膜控释氮肥在 25℃静水中氮素溶出速率见图 7-17。普通氮肥尿素（U）的含氮量为 46.0%。

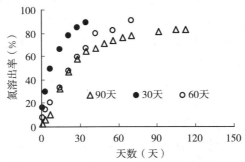

图 7-17 包膜控释氮肥在 25℃静水中的氮素累积溶出率

试验采用随机区组设计，试验小区长 4.5 米，宽 6.0 米，面积 27.0 米²。试验共设 5 个处理：①CK₁（不施氮肥），②CK₂（习惯施肥：40% UN 基施＋60% U N 追施），③30%PCU30＋70%U（基施），④30%PCU60＋70%U（基施），⑤30%PCU90＋70%U（基施），每个处理 3 次重复。不同释放期的包膜控释氮量占总施氮量的 30%。

图 7-18 包膜控释氮肥田间溶出特征研究

包膜控释氮肥埋袋处理：称取释放期为 30、60、90 天的包膜控释氮肥各 5 克，缝合在 1 毫米孔径的塑料网袋内，各 18 袋（共 54 袋，每次取 3 袋），定位埋植在保护行内、深度为 10～20 厘米，插牌标出（图 7-18）。

供试玉米品种为中农 68，玉米种植行距 0.5 米，株距 0.3 米，2008 年 6 月 17 日点播，每穴播 3 粒，三叶期定植 66 660 株/公顷。各处理施纯氮 291.0 千克/公顷（CK₁ 不施肥）、纯磷（P_2O_5）105.0 千克/公顷（基施）、纯钾（K_2O）135.0 千克/公顷（基施），基肥在播种前一次沟施（施肥方案见表 7-1），生育期内按中农 68 栽培技术进行管理。

表 7-1　各处理施肥方案

处理	施氮量（千克/公顷）		施磷量（千克/公顷）	施钾量（千克/公顷）
	基肥	追肥（大喇叭口期）		
CK₁	0	0	105.0	135.0
CK₂	116.40	174.60	105.0	135.0
30%PCU30＋70%U	291.00	0	105.0	135.0
30%PCU60＋70%U	291.00	0	105.0	135.0
30%PCU90＋70%U	291.00	0	105.0	135.0

各处理在夏玉米苗期、拔节期、大喇叭口期、抽雄期、灌浆中期和成熟期随机选取植株 3 株，同时取释放期为 30、60、90 天的包膜控释氮肥各 3 袋。植株样测定鲜重、干重、全氮；包膜控释氮肥表面洗净、擦干测定残留氮。在成熟期测定各小区夏玉米产量并随机选取 20 株植株进行室内考种，测定穗粒数、千粒重。植株全氮采用开氏法测定；包膜控释氮肥氮残留量采用蒸馏法测定。数据统计分析应用 SPSS13.0 软件。

氮肥利用率采用差值法计算，其公式为

氮肥利用率＝（施氮区吸氮量－无氮区吸氮量）/施肥量×100%

土壤氮的依存率是指土壤氮对作物营养氮的贡献率，计算公式为

土壤氮依存率＝无氮区吸氮量/施氮区吸氮量×100%

7.2.2.2　结果与分析

（1）不同处理对夏玉米产量及产量因子的影响。由表 7-2 可看出，施氮各处理夏玉米产量显著高于不施氮处理（CK₁）。包膜控释氮肥与普通氮肥配施各处理夏玉米产量显著高于习惯施肥处理。其中，以处理 30%PCU 60＋70%U 产量最高，为 8 778.0 千克/公顷。包膜控释氮肥与普通氮肥配合基施处理之所以显著提高产量，原因是既增加了穗粒数，又提高了千粒重。

表 7-2　不同处理对夏玉米产量及产量因子的影响

处理	穗粒数（粒/穗）	千粒重（克）	平均产量（千克/公顷）	增产率（%）
CK₁	389.6d	237.3d	5 208.0d	—	—
CK₂	491.1c	299.1c	7 837.5c	50.49	—
30%PCU30＋70%U	505.3b	305.5b	8 319.0b	59.74	6.14
30%PCU60＋70%U	516.6a	311.3a	8 778.0a	68.55	12.00
30%PCU90＋70%U	517.9a	311.0a	8 770.5ab	68.40	11.90

注：表中同列数据不同字母表示差异达 5%显著水平。

（2）不同处理对夏玉米氮素积累量、氮肥利用率和土壤氮依存率的影响。由表7-3可看出，施用氮肥后夏玉米氮素总积累量显著增加。在施氮量相等的情况下，包膜控释氮肥与普通氮肥配合基施处理，氮素总积累量显著高于习惯施肥处理，且30%PCU60＋70%U处理与30%PCU90＋70%U处理差异不显著，但显著高于30%PCU30＋70%U处理。

从成熟期籽粒氮素积累量来看，包膜控释氮肥与普通氮肥配合基施处理显著高于习惯处理；包膜控释氮肥与普通氮肥配合基施处理间差异不显著，其中，30%PCU60＋70%U处理最高。从成熟期营养器官氮素积累量来看，包膜控释氮肥与普通氮肥配合基施处理显著高于习惯处理；30%PCU60＋70%U处理与30%PCU90＋70%U处理差异不显著，但显著高于30%PCU30＋70%U处理，其中30%PCU60＋70%U处理最高，为128.94千克/公顷（表7-3）。

表7-3　不同处理成熟期夏玉米氮素积累量、土壤氮依存率及氮肥利用率

处　理	氮素总积累量（千克/公顷）	籽粒氮素积累量（千克/公顷）占比（%）		营养器官氮素积累量（千克/公顷）占比（%）		氮肥利用率（%）	土壤氮依存率（%）
CK₁	67.86d	39.75d	58.58	28.11d	41.42	—	—
CK₂	169.45c	112.10c	66.16	57.35c	33.84	34.91	40.05
30%PCU30＋70%U	182.75b	120.75b	66.07	62.00b	33.93	39.48	37.13
30%PCU60＋70%U	201.51a	128.94a	63.99	72.57a	36.01	45.93	33.68
30%PCU90＋70%U	194.61a	124.80ab	64.13	69.81a	35.87	43.56	34.87

由表7-3还可以看出，包膜控释氮肥与普通氮肥配施处理（30%PCU30＋70%U、30%PCU60＋70%U、30%PCU90＋70%U）极大提高了氮肥利用率，降低了土壤氮的依存率；氮肥利用率比习惯施肥处理分别提高4.57、11.02、8.65个百分点，其中，30%PCU60＋70%U处理最高，为45.93%；土壤氮的依存率比习惯施肥处理分别低2.92、6.37、5.18个百分点，其中，30%PCU60＋70%U处理最低，为33.68%。

另外，近10余年来，国外推荐施肥的一个重要方向是通过施肥调控将土壤中的有效养分含量控制在一适量水平，即保证较高产量又不至于引起环境污染。而氮肥的合理施用与否，除氮肥的增产效应外，主要反映在土壤中残留无机氮的高低上。杨雯玉曾采用过与本试验相似的试验方法进行了土壤硝态氮的分析，其结果表明采用控释包膜尿素与普通氮肥配施方式比施用等氮量的普通氮肥显著减少小麦成熟期土壤的硝态氮残留量，降低了环境风险。本试验由于工作量较大等原因，并没有在玉米成熟期后分析土壤残留氮，应该在以后的试验当中补充验证。

（3）不同处理对夏玉米不同生育时期氮素积累量的影响。从表7-4可看出，苗期的氮素积累量：包膜控释氮肥与普通氮肥配合基施处理间差异不显著；30%PCU30＋70%U处理最高，显著高于CK₂处理；30%PCU60＋70%U处理、30%PCU90＋70%U处理均高于CK₂处理，但未达到显著性差异。

拔节期—大喇叭口期—抽雄期的氮素积累量：包膜控释氮肥与普通氮肥配合基施处理间差异不显著，30%PCU60＋70%U处理氮素积累量显著高于CK₂处理。

灌浆中期的氮素积累量：包膜控释氮肥与普通氮肥配合基施处理间差异不显著，30%PCU90＋70%U 处理氮素积累量最高；30%PCU60＋70%U 处理和 30%PCU90＋70%U 处理的氮素积累量显著高于 CK₂ 处理。

成熟期的氮素积累量：包膜控释氮肥与普通氮肥配合基施处理显著高于习惯处理；30%PCU60＋70%U 处理与 30%PCU90＋70%U 处理差异不显著，但均显著高于 30%PCU30＋70%U 处理，其中，30%PCU60＋70%U 处理氮素积累量最高，为 201.51 千克/公顷。

表 7-4　各处理夏玉米植株在不同生育期氮素积累量的变化

处　理	苗期（千克/公顷）	拔节期（千克/公顷）	大喇叭口期（千克/公顷）	抽雄期（千克/公顷）	灌浆中期（千克/公顷）	成熟期（千克/公顷）
CK₁	3.01c	7.38c	35.01c	42.87c	57.32c	67.86d
CK₂	4.03b	17.50b	73.08b	93.50b	134.48b	169.45c
30%PCU30＋70%U	5.13a	20.61a	96.40a	115.65a	145.51ab	182.75b
30%PCU60＋70%U	4.76ab	20.81a	103.08a	123.50a	152.88a	201.51a
30%PCU90＋70%U	4.71ab	20.53a	102.50a	122.38a	154.69a	194.61a

从图 7-19 中可以看出，夏玉米从播种（6 月 17 日）—苗期（7 月 9 日）22 d 当中，PCU30 有 90%以上氮素溶出，PCU60 和 PCU90 有 65%左右的氮素溶出，习惯施肥氮素供给略显不足。夏玉米从苗期—拔节期—大喇叭口期—抽雄期，PCU30 在夏玉米拔节前就已有 90%以上氮素溶出，PCU60 和 PCU90 则在夏玉米大喇叭口期和抽雄期有 80%～85%的氮素溶出，基本满足氮素供给，氮素积累量明显高于习惯施肥处理。虽然大喇叭口期（7 月 30 日）习惯施肥处理追施氮素，但因大喇叭口期—抽雄期时间短（7 天左右），氮素没有很好地被植株吸收，导致 CK₂ 处理的氮素积累量较低。夏玉米从抽雄期—开花期—灌浆期—收获期，习惯施肥处理追施速效氮肥的淋溶和挥发，影响了氮素的有效供给，导致氮素积累量的减少，从而影响产量。据研究表明，控释尿素与普通氮肥配合施用，其土壤中硝态氮积累量在各土层均低于单纯施用普通氮肥。

（4）不同释放期的包膜控释氮肥田间溶出特征。由于包膜控释肥的养分释放是由包膜内外的浓度梯度所驱动，温度和水分对包膜控释肥料养分溶出的影响分别占 83%和 11%，而其他土壤因子及其交互只占 1%以下，因此，温度对其氮素溶出速度有直接影响，土壤水分状况是影响其氮素溶出速度的另一个因素。据 2008 年泰安市气象资料统计，夏玉米从播种（6 月 17 日）—苗期（7 月 9 日）22 天，日平均气温 27.8℃，降水量 80.2 毫米；从苗期—拔节期（7 月 21 日）12 天日平均气温 28.0℃，降水量 154.2 毫米；从拔节期—大喇叭口期（7 月 30 日）9 天，日平均气温 29.0℃，降水量 29.4 毫米；从大喇叭口期—抽雄期（8 月 7 日）8 天，日平均气温 27.5℃，降水量 8.4 毫米；从抽雄期—灌浆中期（9 月 1 日）25 天，日平均气温 24.8℃，降水量 98.2 毫米；从灌浆中期—收获期（9 月 25 日）24 天，日平均气温 21.0℃，降水量 7.0 毫米。从以上统计结果可看出，从播种—拔节期日均气温显著高于 25℃，加速了包膜控释氮肥的释放，造成包膜控释氮肥在田间的溶出速度快于实验室内的恒温溶出速度，这与樊小林的研究结果肥效期长的包膜控释肥料在高温下肥效期缩短的结论相吻合。夏玉米田间试验的 3 种不同释放期包膜控释氮肥的氮素溶出率测定结果见图 7-19。

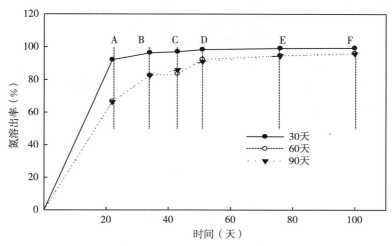

图 7-19　田间条件下不同释放期包膜控释氮肥的氮素溶出特征
A. 苗期　B. 拔节期　C. 大喇叭口期　D. 抽雄期　E. 灌浆中期　F. 成熟期

从图 7-19 中可以清楚地看出，30 天释放期的包膜控释氮肥在夏玉米拔节前就已有90％以上氮素溶出，60 和 90 天释放期的包膜尿素则在夏玉米大喇叭口期和抽雄期有80％～85％的氮素溶出。夏玉米植株养分吸收的高峰期在大喇叭口至抽雄期之间，吸氮量在拔节期至吐丝期吸氮量占总吸氮量的 66％，抽雄前后需氮量最高，一般认为追施氮肥的最佳时期在大喇叭口期。60 和 90 天释放期的包膜控释氮肥作基肥施用后，氮素溶出过程基本符合夏玉米的吸氮规律，增产效果明显，而 30 天释放期的包膜控释氮肥由于氮素溶出过快，增产效果稍差一些。

通过室内氮素溶出率试验得出，60 和 90 天的包膜控释氮肥在 35 天之内氮素累积溶出率无显著差异，说明这两种释放期的包膜控释肥料氮素溶出速率在玉米生育前期相近，之后虽然差异逐渐扩大，但并不显著，且由于夏玉米吸氮高峰期在 35～50 天，因此，60 和 90 天的包膜控释氮肥氮素溶出率的差异并没有显著造成夏玉米吸氮量的不同，因此，60 和 90 天这两种包膜控释氮肥对夏玉米产量及生物学性状的影响也无显著差异。

通过上面的分析进一步反映出，虽然 60 和 90 天的包膜控释氮肥包膜材料配方不同，理论上氮素溶出机制应该具有显著差异，但从试验结果看，二者氮素释放特征并无显著区别。究其原因有二：①夏玉米的生育期为 90～100 天，从理论上讲 90 天的包膜控释氮肥应用在夏玉米生产中不合适；②可能是 90 天的包膜控释氮肥其包膜材料原料质量不稳定造成包膜不均匀，从而导致 60 和 90 天的包膜控释氮肥氮素释放无显著差异。

（5）不同处理的经济效益分析。从表 7-5 可看出，包膜控释氮肥与普通氮肥配合基施处理（30％PCU30＋70％U、30％PCU60＋70％U、30％PCU90＋70％U）与习惯处理相比，氮肥成本分别提高 247.84、306.54、376.14 元/公顷；净收入分别增加 474.41、1 104.21、1 023.36 元/公顷。控释肥料的价格一般比普通肥料高 2.5～8 倍，即使施用再生聚烯烃包膜的包膜控释氮肥，每吨也要比普通氮肥高 1 000～1 500 元，单施包膜控释氮肥成本太高，效果不理想，而包膜控释氮肥与普通氮肥配合基施既能减少肥料成本，又能满足夏玉米对氮素的需求，还能减少用工、提高产量；经济效益也因产量提高和劳动力的投入减少而明显增加。

表 7 - 5　不同处理的经济效益

处理	产量（千克/公顷）	产值（元/公顷）	氮肥用量（千克/公顷）普通尿素	控释尿素	氮肥成本（元/公顷）	劳动力投入（元/公顷）	净收入增减（元/公顷）
CK₁	5 208.0	7 812.0	0	0			7 812.0
CK₂	7 837.5	11 756.25	632.61	0	1 391.74	300	10 364.51
30％PCU30＋70％U	8 319.0	12 478.5	442.83	201.62	1 639.58	0	10 838.92
30％PCU60＋70％U	8 778.0	13 167.0	442.83	206.87	1 698.28	0	11 468.72
30％PCU90＋70％U	8 770.5	13 155.75	442.83	203.50	1 767.88	0	11 387.87

　　注：表内数据以 2008 年当时的市场价计。普通尿素 2 200 元/吨，30 天释放期的包膜控释尿素 3 300 元/吨，60 天释放期的包膜控释尿素 3 500 元/吨，90 天释放期的包膜控释尿素 3 900 元/吨，追肥劳动力投入 300 元/公顷，玉米 1 500 元/吨。

7.2.3　不同量的包膜控释氮肥与普通氮肥配施应用研究

　　控释肥料具有养分释放与作物需求同步，挥发、淋溶、固定少，及减轻环境污染等优点，已成为新型肥料的研究热点。由于控释肥料的价格比普通肥料高 2.5～8 倍，世界上控释肥的用量仅占化肥用量的 0.15％，主要用于经济价值较高的花卉、蔬菜、水果和草坪等植物。"九五""十五"期间，国内研发了溶剂型再生树脂包膜技术，目前已用于工业化生产，其价格比普通尿素价格仅高 1.5～1.6 倍（2008 年 6 月市场价计），为大田应用提供了物质保证。

　　全量或减量施用包膜控释氮肥对玉米的增产效果已有报道，但肥料投入成本仍然较高，农民收益不一定增加，难以大面积推广应用。依据夏玉米的需肥特点，包膜控释尿素与普通尿素配合基施既满足夏玉米对氮素的需求，又能减少追肥用工和氮肥的挥发和淋溶损失，肥料投入成本相对降低。为此，选择不同量的释放期为 60 天的包膜控释尿素与普通尿素配合基施应用于夏玉米田上，通过对产量、效益、氮肥利用率以及包膜控释尿素田间溶出特征的综合研究分析，为包膜控释尿素在夏玉米生产中的应用提供理论依据。

7.2.3.1　材料与方法

　　试验于 2008 年在山东省泰安市农业科学研究院试验基地进行（图 7 - 20），研究区域位于北纬 36°11′，东经 117°08′，属温带季风性气候，年均降水量为 697 毫米，供试土壤为轻壤土，供试作物为夏玉米，前茬作物为冬小麦，0～20 厘米土壤有机质含量 12.96

克/千克，全氮 1.16 克/千克，碱解氮 82.44 毫克/千克，速效磷 19.63 毫克/千克，速效钾 126.18 毫克/千克，pH 6.9。

图 7-20　包膜控释氮肥玉米用量试验

供试的包膜控释氮肥的释放期为 60 天，由北京首创新型肥料有限公司 2008 年 2 月生产，释放期为 60 天的包膜控释氮肥，包膜率是 8.32%，含氮量是 42.20%，包膜控释氮肥在 25℃水中氮素释放速率见图 7-4。普通氮肥的含氮量 46.00%。

试验采用随机区组排列，试验小区长 4.5 米，宽 6.0 米，面积 27.0 米²，3 次重复，设置 6 个处理：①CK$_1$（不施氮肥），②CK$_2$（普通氮肥），③20% PCU60＋80% U（PCU$_1$），④25% PCU60＋75% U（PCU$_2$），⑤30% PCU60＋70% U（PCU$_3$），⑥40% PCU60＋60% U（PCU$_4$）。其中，PCU 为包膜控释氮肥，U 为普通氮肥，具体施肥量见表 7-6。

表 7-6　各处理施肥方案

处理	施氮量（千克/公顷）		施磷量（千克/公顷）	施钾量（千克/公顷）
	基肥	追肥（大喇叭口期）		
CK$_1$	0	0	105.0	135.0
CK$_2$	116.40	174.60	105.0	135.0
PCU$_1$	291.00	0	105.0	135.0
PCU$_2$	291.00	0	105.0	135.0
PCU$_3$	291.00	0	105.0	135.0
PCU$_4$	291.00	0	105.0	135.0

包膜控释氮肥埋袋处理：称取释放期为 60 天的包膜控释氮肥各 5 克，缝合在 1 毫米孔径的塑料网袋中，共 18 袋，每个生育时期取 3 袋，定位埋植保护行土中，深度 10～20 厘米，插牌标示。

供试夏玉米种植行距 0.5 米，株距 0.3 米，2008 年 6 月 17 日点播，每穴播 3 粒，三叶期定植 66 660 株/公顷。各处理施纯氮 291 千克/公顷（CK$_1$ 不施氮肥），纯磷（P$_2$O$_5$）105 千克/公顷，纯钾（K$_2$O）135 千克/公顷。磷、钾肥在播种前作基肥一次施入。生育期内按中农 68 栽培技术进行管理。

在生育期内于苗期、拔节期、大喇叭口期、抽雄、灌浆中期和成熟期取植株样和 3 袋包膜控释氮肥，其中植株样用于植株全氮的测定，采样开氏法测定；包膜控释氮肥在 25℃静水中和埋在田间内的包膜控释氮肥的氮素溶出测定，均采用蒸馏法。在成熟期测定各小区夏玉米产量并随机选取 20 株植株进行室内考种，测定穗粒数、千粒重。数据统计分析应用 SPSS 13.0 软件。

氮肥利用率采用差值法计算，其公式为

$$氮肥利用率＝（施氮区吸氮量－无氮区吸氮量）/施肥量×100\%$$

土壤氮的依存率是指土壤氮对作物营养氮的贡献率，计算公式为

$$土壤氮依存率＝无氮区吸氮量/施氮区吸氮量×100\%$$

7.2.3.2 结果与分析

（1）不同处理对夏玉米产量及产量因子的影响。表 7-7 表示不同处理夏玉米的产量及包膜控释氮肥与普通氮肥配合基施的增产效果。由表 7-7 可看出，施氮各处理夏玉米产量、穗粒数、千粒重均显著高于不施氮处理（CK_1）。不同量包膜控释氮肥与普通氮肥配合基施各处理（PCU_1、PCU_2、PCU_3、PCU_4）夏玉米产量显著高于习惯施肥处理（CK_2），且随着包膜控释氮肥用量的逐渐增加，夏玉米产量依次提高，但差异不显著；不同量包膜控释氮肥与普通氮肥配合基施各处理穗粒数、千粒重显著高于习惯施肥处理（CK_2），且随着包膜控释氮肥用量的逐渐增加，夏玉米的穗粒数依次增加，千粒重依次提高。这是由于包膜控释氮肥与普通氮肥配合基施，氮素淋洗、挥发相对较少，既满足了夏玉米在大喇叭口期—抽雄期—吐丝期对氮素的大量需求，又能满足夏玉米灌浆期—成熟期对氮素的需求，随着包膜控释氮肥用量的增加，氮素的有效供给相对增加，植株氮素积累量也增加（表 7-8、表 7-9）。夏海丰等研究表明，施用包膜控释氮肥能协调玉米产量构成因素的相互关系，使玉米穗粒数增加、千粒重提高。

表 7-7 不同处理对夏玉米产量及产量因子的影响

处理	穗粒数（粒/穗）	千粒重（克）	平均产量（千克/公顷）	增产率（%）	
				比 CK_1 增产量	比 CK_2 增产量
CK_1	409.0c	239.2d	5 550.9c	0	—
CK_2	498.4b	301.3c	7 985.6b	30.49	0
PCU_1	517.8a	309.2b	8 790.6a	58.36	10.08
PCU_2	521.7a	311.8a	8 943.7a	61.12	12.00
PCU_3	523.9a	312.9a	9 133.3a	64.54	14.37
PCU_4	524.3a	313.6a	9 163.4a	65.08	14.75

注：表中不同字母表示差异达 5% 显著水平。

（2）不同处理对夏玉米氮素积累量、氮肥利用率和土壤氮依存率的影响。由表 7-8 可看出，施用氮肥后夏玉米氮素总积累量显著增加。在施氮量相等的情况下，包膜控释氮

肥与普通氮肥配合基施处理氮素总积累量、籽粒氮素积累量明显高于习惯施肥处理（CK_2），且随着包膜尿素用量的逐渐增加，夏玉米氮素总积累量、籽粒氮素积累量也依次增加。PCU_2、PCU_3、PCU_4处理间氮素总积累量差异不显著，但都显著高于PCU_1处理，其中，PCU_3处理最高；籽粒氮素积累量各配施处理间（PCU_1、PCU_2、PCU_3、PCU_4）差异不显著，PCU_3、PCU_4处理接近，但高于PCU_1、PCU_2处理；包膜控释氮肥与普通氮肥配合基施处理（PCU_1、PCU_2、PCU_3、PCU_4）营养器官氮素积累量显著高于习惯施肥处理（CK_2），其中，PCU_2、PCU_3、PCU_4处理显著高于PCU_1处理，PCU_3处理与PCU_2处理差异显著，PCU_3处理与PCU_4处理差异不显著，且PCU_3处理最高。

由表 7-8 还可看出，包膜控释氮肥与普通氮肥配合基施处理（PCU_1、PCU_2、PCU_3、PCU_4）大大提高了氮肥利用率，比习惯施肥处理（CK_2）分别提高 5.86%、9.82%、11.39%，10.94%，PCU_3处理最高；包膜控释氮肥与普通氮肥配合基施处理比习惯施肥处理（CK_2）对土壤氮的依存率要低，分别低 3.37%、5.33%、6.05%、5.85%，且PCU_3处理最低。

表 7-8　不同处理成熟期夏玉米氮素积累量、氮肥利用率及土壤氮依存率

处理	氮素总积累量（千克/公顷）	籽粒氮素积累量		营养器官氮素积累量		氮肥利用率（%）	土壤氮依存率（%）
		（千克/公顷）	占比（%）	（千克/公顷）	占比（%）		
CK_1	69.72d	38.63c	55.41	31.09e	45.75	—	—
CK_2	179.54c	125.51b	69.91	54.03d	30.09	37.74	38.83
PCU_1	196.60b	134.66a	68.49	61.95c	31.51	43.60	35.46
PCU_2	208.13a	137.77a	66.19	70.30b	33.78	47.56	33.50
PCU_3	212.70a	138.22a	64.98	74.47a	35.01	49.13	32.78
PCU_4	211.38a	138.97a	65.74	72.41ab	34.26	48.68	32.98

（3）不同处理对夏玉米不同生育时期氮素积累量的影响。从表 7-9 可看出，包膜控释氮肥与普通氮肥配合基施处理（PCU_1、PCU_2、PCU_3、PCU_4），在夏玉米整个生育期内氮素积累量高于习惯施肥处理，其中，PCU_2、PCU_3、PCU_4处理之间差异不显著，但都显著高于习惯施肥处理。在苗期，PCU_1处理氮素积累量分别与CK_2、PCU_3处理差异不显著，但显著低于PCU_2、PCU_4处理。在拔节期，控释包膜尿素与普通氮肥配合基施处理间氮素积累量差异不显著，但都显著高于习惯施肥处理。在大喇叭口期PCU_1处理氮素积累量与习惯施肥处理差异不显著，但显著低于PCU_2、PCU_3、PCU_4处理。PCU_1处理在抽雄期—灌浆中期—收获期氮素积累量显著高于习惯施肥处理，但显著低于PCU_3、PCU_4处理。这可能是由于习惯施肥除底施尿素以外，60%的尿素在大喇叭口期（7 月 30 日）地表追施，当时气温高湿度大，氨挥发严重，导致追肥后期氮素供给相对不足，影响植株的氮素积累。有报道表明尿素表施氨挥发损失达20%～50%。

表7-9　各处理夏玉米植株在不同生育期氮素积累量的变化规律

处理	苗期 （千克/公顷）	拔节期 （千克/公顷）	大喇叭口期 （千克/公顷）	抽雄期 （千克/公顷）	灌浆中期 （千克/公顷）	收获期 （千克/公顷）
CK_1	3.25d	7.83c	41.30c	43.46d	59.11d	69.72d
CK_2	4.67c	18.00b	78.87b	93.32c	133.30c	179.54c
PCU_1	5.18bc	22.16a	87.98b	108.14b	149.38b	196.60b
PCU_2	5.85a	21.45a	99.91a	113.88ab	161.70a	208.13a
PCU_3	5.71ab	21.05a	105.49a	118.23a	160.34a	212.70a
PCU_4	5.80a	21.61a	104.52a	119.86a	160.47a	211.38a

（4）包膜控释氮肥氮素溶出特征。包膜控释氮肥氮素养分累计溶出率动力学一般可用一级反应方程 $N_t = N_0[1 - \exp(-kt)]$ 来进行描述，N_0 为溶质最大溶出率，此处，$N_0 = 100\%$，是因为包膜控释肥料中养分是可以 100% 释放的，但实测时未能测到 100%，所以氮素养分累计溶出率一级动力学反应方程为 $N_t = 100[1 - \exp(-kt)]$。

图7-21为实验室 $25℃$ 静水溶出法和田间埋袋法测定结果通过动力学方程计算出的氮素释放状况。实验室静水溶出法和田间埋袋法的方程拟合度 r^2 分别为 99.47% 和 96.29%。实验室 $25℃$ 静水溶出法测定包膜控释氮肥初期养分释放率为 3.26%，28.0 天养分释放率为 60.42%，48.6 天养分释放率为 80.00%；田间埋袋法测定包膜控释氮肥初期养分释放率为 3.23%，28.0 天养分释放率为 60.08%，49.1 天养分释放率为 80.00%。

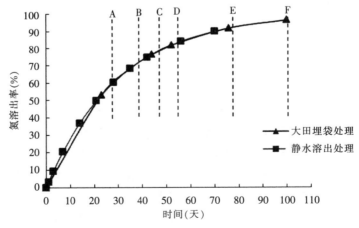

图7-21　包膜控释氮肥在 $25℃$ 水中及大田土壤中的氮素
累积溶出率的一级动力学方程曲线
A. 苗期　B. 拔节期　C. 大喇叭口期　D. 抽雄期　E. 灌浆中期　F. 成熟期

众所周知，$25℃$ 静水溶出法测定的控释肥料氮素养分溶出速率与在田间实际溶出速率是存在一定差别的，包膜尿素在土壤含水量高于田间持水量 40% 时，养分释放仅受温度影响。但是从图7-21可以看出，包膜控释氮肥在水中的溶出速率与在田间的实际溶出速率基本吻合，控释效果很好。其主要原因：①2008年泰安市气象资料统计，夏玉米生长期间日平均气温25.3℃，接近于实验室恒温25℃；②夏玉米生长期内降水总量为377.4毫米，其中从播种至抽雄51天正值夏玉米需肥高峰期，此期间包膜控释氮肥养分释放了80%；虽然本试验没有测定土壤含水量，但播种至抽雄期间降水量为272毫米，降水量满足了此时期夏玉米对水分的需求。综上所述，使得包膜控释氮肥在田间的氮素溶出特征与实验室25℃恒温溶出特征基本吻合。

（5）不同处理的经济效益分析。从表7-10可看出，包膜控释氮肥与普通氮肥配合基施处理（PCU$_1$、PCU$_2$、PCU$_3$、PCU$_4$）与习惯施肥（CK$_2$）相比，氮肥成本分别提高204.26、255.44、306.31、408.73元/公顷；净收入分别增加1 303.24、1 481.71、1 715.24、1 657.97元/公顷，其中PCU$_3$处理经济效益最高。

控释肥料的价格一般比普通肥料高2.5~8倍，即使用再生塑料的包膜控释氮肥，每吨也要比普通氮肥高1 000~1 500元，夏玉米全量施用包膜控释氮肥成本太高，效果不理想，有研究结果表明，等氮量条件下，释放期为60天的包膜控释氮肥在夏玉米上基施减产。而包膜控释氮肥与普通氮肥配合基施既能满足夏玉米对氮素的需求，还能减少用工、提高产量；经济效益因产量提高和劳动力投入减少而明显增加。

表7-10 不同处理的经济效益

处理	产量（千克/公顷）	产值（元/公顷）	氮肥用量（千克/公顷）		氮肥成本（元/公顷）	追肥劳动力投入（元/公顷）	净收入（元/公顷）
			普通尿素	控释尿素			
CK$_1$	5 550.5	8 325.75	0	0	0	0	8 322.75
CK$_2$	7 985.6	11 978.40	632.61	0	1 391.74	300	10 286.66
PCU$_1$	8 790.6	13 185.90	506.08	137.91	1 596.0	0	11 589.90
PCU$_2$	8 943.7	13 415.55	474.46	172.39	1 647.18	0	11 768.37
PCU$_3$	9 133.3	13 699.95	442.83	206.87	1 698.05	0	12 001.90
PCU$_4$	9 163.4	13 745.10	379.57	275.83	1 800.47	0	11 944.63

注：表内尿素价格以2008年6月当时的市场价计（中国化工信息网），玉米价格以2008年12月当时市场价计（中国玉米信息网），普通氮肥2 200元/吨，60天释放期的包膜尿素3 500元/吨，追肥劳动力投入300元/公顷，玉米1 500元/吨。

7.3 控释专用肥一次性施肥技术与示范

7.3.1 山东省泰安市岱岳区马庄镇夏玉米示范

夏玉米一次性施肥示范田在山东省泰安市岱岳区马庄镇南李村、北李村示范应用50公顷，玉米品种为郑单958，于2012年6月12日采用种、肥同播技术播种，7月19日在南李村召开夏玉米一次性施肥宣传及现场培训会，9月28日收获（图7-22、图7-23）。示范田一次性施肥和农民习惯施肥等氮量设计，施肥配比为N：P$_2$O$_5$：K$_2$O＝29：6：

10，由北京富特来复合肥料有限公司统一加工生产。其中，夏玉米控释专用肥中控释氮肥占30%（按纯氮计），尿素氮占70%；习惯施肥中氮肥全部来自尿素。控释氮肥采用释放期为60天的包膜控释尿素，含氮量42.2%。不同处理示范面积、施肥配方、施肥方式、施氮量、控释专用肥施肥量见表7-11。玉米收获期进行测产和考种。

图7-22 泰安市岱岳区马庄镇夏玉米示范

图7-23 泰安市岱岳区马庄镇夏玉米示范技术培训会

表7-11 马庄镇夏玉米一次性施肥示范方案

处　理	面积（公顷）	配方、施肥方式	施氮量（千克/公顷）	施肥量（千克/公顷）
一次性施肥	50	N：P$_2$O$_5$：K$_2$O＝30：6：12（含控释氮肥30%）一次性种肥同播	270	900
习惯施肥	50	40%氮肥和磷钾肥基施，60%氮肥在大喇叭口期追施	270	

由表7-12可以看出，夏玉米一次性施肥示范与习惯施肥对照相比，夏玉米产量增加了929.9千克/公顷，增幅为9.3%。在产量三要素中，一次性施肥示范田夏玉米的穗粒数和千粒重均明显高于习惯施肥对照区，分别增加了2.6%和5.6%，表明控释专用肥一次性施用的氮素供应更加符合夏玉米全生育期的氮素需求规律，特别是能够满足玉米生长中后期对于氮素的营养需求，从而实现玉米增产。

表7-12 夏玉米产量及产量因子

处　理	穗数（穗/公顷）	穗粒数（粒/穗）	千粒重（克）	平均产量（千克/公顷）
一次性施肥	67 500	572.9	335.2	10 887.5
习惯施肥	67 500	558.5	317.4	9 957.6

由表7-13可以看出，夏玉米一次性施肥示范区的大幅增产也带来了显著的经济效益增长。与习惯施肥对照区相比，虽然施用包膜控释专用肥比习惯施肥的肥料投入成本增加了318.1元/公顷，但夏玉米的产量增加了929.9千克/公顷，产值增加了2 045.8元/公顷，同时减少玉米追肥劳动力支出成本300元/公顷，增收节支远远超过了施肥成本的增加部分。因此，一次性施肥示范区的净收入显著增加了2 027.7元/公顷，增幅达到

9.9%，说明夏玉米控释专用肥一次性施肥相比习惯施肥更能提高农业效益，实现农民增收。

表 7-13 夏玉米经济效益分析

处理	产量 （千克/公顷）	产值 （元/公顷）	氮肥成本 （元/公顷）	追肥劳动力成本 （元/公顷）	净收入 （元/公顷）
一次性施肥	10 887.5	23 952.5	1 433.3	0	22 519.2
习惯施肥	9 957.6	21 906.7	1 115.2	300	20 491.5

注：2012年当地玉米平均价格2.2元/千克，尿素1 900元/吨，包膜控释尿素3 400元/吨。

7.3.2 山东省枣庄滕州市级索镇夏玉米示范

夏玉米一次性施肥技术在山东省枣庄滕州市级索镇千佛阁村示范应用42公顷，玉米品种为登海605，于2014年6月14日采用种、肥同播，将控释氮肥、尿素、磷钾肥一次性施入，8月16日召开技术宣传及现场观摩会，10月2日收获（图7-24、图7-25）。示范田一次性施肥和习惯施肥等氮量设计，施肥配比为 $N : P_2O_5 : K_2O = 30 : 6 : 12$，由北京富特来复合肥料有限公司统一加工生产。其中，夏玉米控释专用肥中控释氮肥占30%（以纯氮计），尿素氮占70%；习惯施肥中氮肥全部来自尿素。控释氮肥采用释放期为60天的包膜控释尿素，含氮量42.2%（以纯氮计）。不同处理示范面积、施肥配方、施肥方式、施氮量、控释专用肥施肥量见表7-14。玉米收获期进行测产和考种。

图 7-24 滕州市级索镇夏玉米示范

图 7-25 滕州市级索镇夏玉米示范现场观摩会

由表7-15可以看出，一次性施肥与习惯施肥对照相比，夏玉米产量增加了766.7千克/公顷，增幅为8.1%。在产量三要素中，一次性施肥的穗粒数和千粒重均明显高于习惯施肥对照区，分别增加了5.9%和4.8%，表明控释专用肥一次性施用的氮素供应更加符合夏玉米全生育期的氮素需求规律，特别是能够满足玉米生长中后期对于氮素的营养需求，从而实现玉米增产。

表 7 - 14　级索镇夏玉米一次性施肥示范方案

处　　理	面积 （公顷）	配方、施肥方式	施氮量 （千克/公顷）	施肥量 （千克/公顷）
一次性施肥	42	N：P$_2$O$_5$：K$_2$O＝30：6：12（含控释氮肥30％） 一次性种肥同播	292.5	975
习惯施肥	40	40％氮肥和磷钾肥基施，60％氮肥在大喇叭口期 追施	292.5	

表 7 - 15　夏玉米产量及产量因子

处理	穗数 （穗/公顷）	穗粒数 （粒/穗）	千粒重 （克）	平均产量 （千克/公顷）
一次性施肥	69 000	524.8	382.7	10 242.5
习惯施肥	69 000	495.7	365.2	9 475.8

由表 7 - 16 可以看出，一次性施肥的大幅增产也带来了显著的经济效益增长。与习惯施肥相比，虽然施用包膜控释专用肥比习惯施肥的肥料投入成本增加了 344.5 元/公顷，但夏玉米的产量增加了 766.7 千克/公顷，产值增加了 1 686.7 元/公顷，远远超过了施肥成本的增加部分。因此，一次性施肥示范区的净收入显著增加了 1 642.2 元/公顷，增幅达到 8.5％，增收效益显著。

表 7 - 16　夏玉米经济效益分析

处理	产量 （千克/公顷）	产值 （元/公顷）	氮肥成本 （元/公顷）	追肥劳动力 成本（元/公顷）	净收入 （元/公顷）
一次性施肥	10 242.5	22 533.5	1 552.7	0	20 980.8
习惯施肥	9 475.8	20 846.8	1 208.2	300	19 338.6

注：2014 年当地玉米平均价格 2.2 元/千克，尿素 1 900 元/吨，包膜控释尿素 3 400 元/吨。

7.3.3　河南省新乡市凤泉区耿黄乡夏玉米示范

夏玉米一次性施肥技术在河南省新乡市凤泉区耿黄乡西鲁堡村示范应用 40 公顷，玉米品种为郑单 958，于 2013 年 6 月 9 日播种，9 月 30 日收获（图 7 - 26）。示范点一次性施肥和习惯施肥等氮量设计，施肥配比为 N：P$_2$O$_5$：K$_2$O＝29：6：13，由北京富特来复合肥料有限公司统一加工生产。其中，夏玉米控释专用肥中控释氮肥占 30％（以纯氮计），尿素氮占 70％；习惯施肥中氮肥全部来自尿素。控释氮肥采用释放期为 60 天的包膜控释尿素，含氮量 42.2％（以纯氮计）。不同处理示范面积、施肥配方、施肥方式、施氮量、控释专用肥施肥量见表 7 - 17。玉米收获期进行测产和考种。

图 7-26　新乡市耿黄乡夏玉米示范

表 7-17　耿黄乡夏玉米一次性施肥示范方案

处理	面积（公顷）	配方、施肥方式	施氮量（千克/公顷）	施肥量（千克/公顷）
一次性施肥	40	N∶P₂O₅∶K₂O＝29∶6∶13（含控释氮肥30%）一次性种肥同播	261	900
习惯施肥	40	40%氮肥和磷钾肥基施，60%氮肥在大喇叭口期追施	261	

　　由表 7-18 可以看出，与习惯施肥对照相比，夏玉米产量增加了 1 051.1 千克/公顷，增幅为 11.5%。在产量三要素中，技术示范区夏玉米的穗粒数和千粒重均明显高于习惯施肥对照区，分别增加了 4.2%和 4.5%，说明技术示范区控释专用肥一次性施肥的氮素养分供应优于习惯施肥处理，提高了夏玉米产量。

表 7-18　夏玉米产量及产量因子

处理	穗数（穗/公顷）	穗粒数（粒/穗）	千粒重（克）	平均产量（千克/公顷）
一次性施肥	66 000	541.6	331.8	10 155.7
习惯施肥	66 000	519.8	317.5	9 104.6

　　由表 7-19 可以看出，与习惯施肥相比，虽然施用包膜控释专用肥比习惯施肥的肥料投入成本增加了 312.0 元/公顷，但免除了玉米追肥用工，节省劳动力支出成本 300 元/公顷；同时，夏玉米增产 1 051.1 千克/公顷，产值增加了 2 207.3 元/公顷。因此，一次性施肥示范田的净收入显著增加了 2 195.3 元/公顷，增幅达到 12.5%，说明夏玉米控释专用肥一次性施肥技术能够显著提高农业经济效益，实现农民增收。

表 7-19　夏玉米经济效益分析

处理	产量（千克/公顷）	产值（元/公顷）	氮肥成本（元/公顷）	追肥劳力成本（元/公顷）	净收入（元/公顷）
一次性施肥	10 155.7	21 326.97	1 560.3	0	19 766.7
习惯施肥	9 104.6	19 119.7	1 248.3	300	17 571.4

注：2013 年玉米平均价格 2.1 元/千克，尿素 2 200 元/吨，包膜控释尿素 3 700 元/吨。

7.3.4 河南省鹤壁市浚县王庄乡夏玉米示范

夏玉米一次性施肥技术在河南省鹤壁市浚县王庄乡北王庄村、小齐村示范应用 70 公顷，玉米品种为浚单 20，于 2015 年 6 月 10 日播种，9 月 28 日收获（图 7-27）。一次性施肥示范田和习惯施肥等氮量设计，施肥配比为 N：P_2O_5：K_2O＝24：12：13，由北京富特来复合肥料有限公司统一加工生产。其中，控释专用肥中控释氮肥占 30%（以纯氮计），尿素氮占 70%；农民习惯施肥中氮肥全部来自尿素。控释氮肥采用释放期为 60 天的包膜控释尿素，含氮量 42.2%（以纯氮计）。不同处理示范面积、施肥配方、施肥方式、施氮量、控释专用肥施肥量见表 7-20。玉米收获期进行测产和考种。

图 7-27 浚县王庄乡夏玉米示范

由表 7-21 可以看出，与农民习惯施肥相比，技术示范区夏玉米产量增加了 527.2 千克/公顷，增幅为 5.7%。在产量三要素中，一次性施肥的穗粒数和千粒重均较习惯施肥区有所提高，分别增加了 2.9% 和 4.0%，表明在减少 10% 施氮量的条件下，与习惯施肥处理相比，控释专用肥处理仍然为玉米中后期生长提供了充足的氮素营养供应，从而保障了玉米的增产。

表 7-20 王庄乡夏玉米一次性施肥示范方案

处理	面积（公顷）	配方、施肥方式	施氮量（千克/公顷）	施肥量（千克/公顷）
一次性施肥	70	N：P_2O_5：K_2O＝29：6：13（含控释氮肥 30%）一次性种肥同播	217.5	750
习惯施肥	70	40% 氮肥和磷钾肥基施，60% 氮肥在大喇叭口期追施	217.5	

表 7-21 夏玉米产量及产量因子

处理	穗数（穗/公顷）	穗粒数（粒/穗）	千粒重（克）	平均产量（千克/公顷）
一次性施肥	67 500	532.5	325.2	9 708.5
习惯施肥	67 500	517.6	312.7	9 181.3

由表 7-22 可以看出，与习惯施肥相比，虽然施用包膜控释专用肥比习惯施肥的肥料投入成本增加了 257.5 元/公顷，但夏玉米的产量增加了 527.2 千克/公顷，产值增加了 949.0 元/公顷，远远超过了施肥成本的增加部分。因此，一次性施肥示范区的净收入增加了 991.5 元/公顷，增幅达到 6.5%，农民增收效益显著。

表 7-22　夏玉米经济效益分析

处理	产量 （千克/公顷）	产值 （元/公顷）	氮肥成本 （元/公顷）	追肥劳动力 成本（元/公顷）	净收入 （元/公顷）
一次性施肥	9 708.5	17 475.3	1 203.1	0	16 272.2
习惯施肥	9 181.3	16 526.3	945.7	300	15 280.6

注：2015 年当地玉米平均价格 1.8 元/千克，尿素 2 000 元/吨，包膜控释尿素 3 500 元/吨。

7.4　夏玉米一次性施肥技术规程

7.4.1　范围

本标准规定了夏玉米一次性施肥技术的具体技术要求与指标。

本标准适用于小麦—玉米轮作为主体的黄淮海夏玉米种植区，其他自然生态要素与本区相似的夏玉米种植区亦可参考使用。

7.4.2　规范性引用文件

下列文件对于本文件的应用必不可少的。凡是注日期的引用文件，仅所注日期的版本适用于本文件。凡是不注日期的引用文件，其最新版本（包括所有的修改单）适用于本文件。

GB 2440　尿素及其测定方法

GB 6549　氯化钾

GB 10205　磷酸一铵、磷酸二铵

GB 15063　复混肥料（复合肥料）

GB 20406　农业用硫酸钾

GB 21634　重过磷酸钙

HG/T 4215　控释肥料

HG/T 4216　缓释/控释肥料养分释放期及释放率的快速检测方法

NY/T 309　全国耕地类型区、耕地地力等级划分

NY 525　有机肥料

7.4.3　术语与定义

下列术语和定义适用于本文件。

7.4.3.1　一次性施肥

一次性施肥是指选用聚合物包膜控释氮肥或控释掺混肥料，采用种、肥同播方式，将

全部的氮、磷、钾等养分一次性施入，满足玉米全生育期需肥要求，不再追施拔节肥、穗肥、花粒肥的免追肥施肥技术。

7.4.3.2 肥料

肥料是指能直接提供植物必需的营养元素、改善土壤性状、提高植物产量和品质的物质。

7.4.3.3 缓控释肥料

缓控释肥料是指以各种调节机制使其养分最初释放缓慢，延长植物对其有效养分吸收利用的有效期，使其养分按照设定的养分速率和释放期缓慢或控制释放的肥料。

7.4.3.4 掺混肥料

氮、磷、钾3种养分中，至少有两种养分标明量的由干混方法制成的颗粒状肥料，称为掺混肥料，也称BB肥。

7.4.3.5 缓控释掺混肥料

缓控释掺混肥料是指由粒径相近的速效肥料和缓控释肥料按照一定比例混合而成的掺混肥料。

7.4.4 地力基础

玉米耕地符合 NY/T 309 要求。地势平坦，土层深厚，保水保肥力较强。

7.4.5 肥料种类

7.4.5.1 包膜控释氮肥

本标准选用的包膜控释氮肥的养分释放期为50～70天，初期养分释放率≤12％，28天累积养分释放率≤60％，养分释放期的累积养分释放率≥80％。包膜控释氮肥符合HG/T 4215 要求，养分释放期及释放率的检测方法符合 HG/T 4216 要求。

7.4.5.2 普通氮肥

普通氮肥由尿素或复混肥料（复合肥料）提供。尿素符合 GB 2440 规定，复混肥料（复合肥料）符合 GB 15063 规定。

7.4.5.3 磷、钾肥

磷、钾肥可由复混肥料（复合肥料）或磷酸一铵、磷酸二铵、重过磷酸钙、氯化钾、硫酸钾等肥料提供。复混肥料（复合肥料）应符合 GB 15063 规定，磷酸一铵、磷酸二铵应符合 GB 10205 规定，重过磷酸钙应符合 GB 21634 规定，氯化钾应符合 GB 6549 规定，硫酸钾应符合 GB 20406 规定。

7.4.5.4 肥料颗粒要求

各类肥料外观均规定为颗粒状产品，无机械杂质，直径 2.00～4.75 毫米。

7.4.6 适宜配比

包膜控释氮肥与普通氮肥按照一定比例配合施用，其最优化配比（按照提供纯氮数量计算）为3∶7或4∶6。

7.4.7　施肥量

目标产量及肥料推荐配方见表7-23。

表7-23　玉米目标产量及肥料推荐用量表

目标产量（千克/公顷）	施肥量（千克/公顷）		
	氮（N）	磷（P₂O₅）	钾（K₂O）
<7 500	195~225	75~90	90~120
7 500~9 000	210~240	90~105	120~150
>9 000	240~270	90~120	135~165

7.4.8　施肥方法

采用种、肥同播方式，将控释专用肥或控释掺混肥料在夏玉米播种时一次性施入，施肥沟位于播种行一侧8~12厘米，施肥深度10~15厘米。避免种、肥接触。

8 聚合物包膜控释肥料在春玉米上的应用

8.1 推荐施肥方法

春玉米推荐施肥方法所使用的养分专家系统与夏玉米相同，不同之处在于春玉米和夏玉米使用两套不同的数据参数系统，玉米养分专家系统中考虑了不同气候和轮作制度下的玉米种植系统，依据玉米养分吸收差异等将春玉米分成春玉米和夏玉米两部分。

8.2 包膜控释肥料的释放期及配施比例试验研究

8.2.1 不同释放期包膜控释尿素在春玉米上的应用研究

东北是我国重要的黄金玉米带，2010 年辽宁、吉林、黑龙江 3 省玉米播种面积占全国玉米总播种面积的 29.3%，玉米产量达到 5 478.9 万吨，占全国玉米总产的 30.9%。随着东北春玉米单产的提高，氮肥投入不断增加，氮肥利用效率不断下降。例如，中国每年农用氮肥损失量高达 60%～70%。在确保粮食安全的基础上，做到既减轻环境污染，又能提高氮肥利用效率的有效措施之一是施用控释肥料，尤其在干旱的沙质土壤地区，施用控释肥可以增加作物氮素吸收，减少氮素损失，提高产量。

目前，大田作物施用的控释氮肥是由控释氮肥和普通氮肥掺混而成的混合肥料，一般控释氮占总氮量的 15%～35%。目前，国内学者针对玉米需氮特征，采用氮肥前轻后重的施用策略，那么必须增加施肥次数，而玉米生育中后期施肥机械化到位率比较低，同时高温高湿季节施肥还会导致氮素的损失增加。全量、减量及掺混施用包膜控释氮肥在夏玉米上的研究已有报道，不同比例控释氮肥与普通氮肥配施在东北春玉米上的研究也有报道。以上研究主要针对一种控释肥料进行研究，并没有对不同释放期的包膜控释尿素与普通尿素配施进行研究。本文采用不同释放期的包膜控释尿素与普通尿素配合一次基施于春玉米田上，通过对产量、氮肥利用率、经济效益以及包膜控释尿素氮素溶出特征进行综合分析，总结出适合春玉米养分需求的包膜控释尿素，为肥料企业生产适合于春玉米施用的包膜控释尿素产品提供理论依据。

8.2.1.1 材料与方法

供试玉米品种为四单 112。供试氮肥是由北京首创新型肥料有限公司生产的包膜控释尿素（PCU），3 种包膜控释尿素释放期分别为 30、60 和 90 天，包膜率分别为 5.81%、8.32% 和 6.72%，含氮量分别为 43.3%、42.2% 和 42.9%。包膜控释尿素在 25℃ 水中的氮素累积释放率见图 8-1。普通尿素（Urea，U）的含氮量为 46.0%。

试验于 2008 年在吉林省白城市洮北区三合乡于家村承包地进行，该试验地位于东经 122°47′30″，北纬 45°39′21″，海拔 151 米。属温带大陆性季风气候，年均日照时数 2 919.4

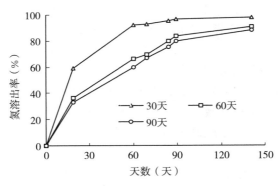

图 8-1 包膜控释尿素在 25℃水中的氮素累计释放率

小时，年均气温 4.9℃，无霜期 157 天，年均降水量 407.9 毫米。供试作物为春玉米，前茬作物为春玉米。供试土壤为风沙土，0～20 厘米土壤有机质为 8.5 克/千克，碱解氮为 92.55 毫克/千克，有效磷为 19.65 毫克/千克，速效钾为 93.89 毫克/千克。

试验采用随机区组设计，试验小区长 10.0 米，宽 6.0 米，小区面积 60.0 米²。试验共设 5 个处理：（1）CK_1（不施氮肥）；（2）CK_2（习惯施肥：25％的 U 作为基肥施入，75％的 U 在大喇叭口期作为追肥施入）；（3）30％PCU30＋70％U（PCU_1）；（4）30％ PCU60＋70％U（PCU_2）；（5）30％PCU90＋70％U（PCU_3），每个处理 3 次重复，不同释放期的包膜控释氮量占总施氮量的 30％。具体施肥量见表 8-1。

表 8-1 不同处理的施肥方法

处理	氮肥用量（千克/公顷）		磷肥用量（千克/公顷）	钾肥用量（千克/公顷）
	基施	追施（大喇叭口期）		
CK_1	0	0	103.5	103.5
CK_2	46.0	138.0	103.5	103.5
PCU_1	184.0	0	103.5	103.5
PCU_2	184.0	0	103.5	103.5
PCU_3	184.0	0	103.5	103.5

称取所述释放期分别为 30、60 和 90 天的包膜控释尿素各 5 克，缝合在直径 1 毫米的塑料网袋内，各 18 袋（共 54 袋），播种当天埋植于保护行土中，深度为 10～20 厘米，并插牌标示；并在春玉米苗期（5 月 19 日）、拔节期（6 月 30 日）、大喇叭口期（7 月 10 日）、抽雄期（7 月 25 日）、吐丝期（7 月 30 日）、成熟期（9 月 23 日）每次取不同释放期的包膜控释尿素各 3 袋，供室内测定。

玉米种植行距 0.5 米，株距 0.3 米，每穴播种 3 粒，并于三叶期定植 60 000 株/公顷。各施肥处理施氮量均为 184.0 千克/公顷，施纯磷（P_2O_5）量为 103.5 千克/公顷，施纯钾（K_2O）量为 103.5 千克/公顷。磷、钾肥在播种前作基肥一次性沟施（表 8-1）。生育期内按四单 112 栽培技术进行管理。

各处理分别在春玉米苗期、拔节期、大喇叭口期、抽雄期、吐丝期、成熟期随机选取植株 3 株，植株样测定鲜重、干重、全氮；同时随机选取定植于保护行中释放期为 30、60、90 天的包膜控释尿素各 3 袋，包膜控释尿素表面洗净、擦干测定全氮。在成熟期随机选取 20 株植株进行室内考种，测定穗粒数、千粒重；小区产量以实打实收计产。试验数据应用 SPSS 18.0 软件进行显著性分析。

植株和包膜控释尿素全氮测定方法分别为：开氏法和蒸馏法。

氮肥利用率＝（施氮区植株吸氮量－不施氮区植株吸氮量）/氮肥投入量×100%

土壤氮素依存率＝不施氮区植株吸氮量/施氮区植株吸氮量×100%

8.2.1.2 结果与分析

（1）不同氮肥处理对春玉米产量及产量构成因子的影响。表 8-2 为不同氮肥处理春玉米的产量及其增产效果。由表中可看出，施氮各处理春玉米产量显著高于不施氮处理（CK_1）。包膜控释尿素与尿素配施处理 PCU_2、PCU_3 春玉米产量分别为 9 775、9 675 千克/公顷，显著高于 CK_2，也显著高于 PCU_1 处理。PCU_2、PCU_3 处理之所以显著提高产量，原因是既增加了穗粒数，又提高了千粒重。从表 8-2 还可以看出，PCU_2、PCU_3 处理的穗粒数为 571、561 粒/穗，千粒重分别为 345、353 克，都显著高于 PCU_1 处理和 CK_2 处理。

表 8-2　不同氮肥处理对春玉米产量及产量构成因子的影响

处理	平均产量（千克/公顷）	增产率（%）		穗粒数（粒/穗）	千粒重（克）
		较 CK_1	较 CK_2		
CK_1	6 675c	0	—	423d	284.7c
CK_2	8 935b	34%	0	522c	319.3b
PCU_1	9 133b	37%	2%	539bc	323.0b
PCU_2	9 775a	46%	9%	571a	345.0a
PCU_3	9 675a	45%	8%	561ab	353.0a

注：同一列不同字母表示在差异显著（$P<0.05$）。

（2）不同氮肥处理对春玉米氮素累积量、氮肥效率和土壤氮依存率的影响。由表 8-3 可看出，施用氮肥后春玉米氮素总积累量显著增加。在等氮量情况下，包膜控释尿素与尿素配施处理（PCU_2、PCU_3），氮素总积累量显著高于 CK_2 处理，PCU_1 处理与 CK_2 处理比氮素总积累量无显著差异。PCU_2、PCU_3 处理籽粒及营养器官氮素积累量显著高于 CK_2 处理，且氮肥利用率显著提高；氮肥利用率比 CK_2 处理分别提高 8.8%、7.7%，其中 PCU_2 处理最高；土壤氮依存率比 CK_2 处理分别低 5.6%、5.0%，其中，PCU_2 处理最低，为 59.6%。

表 8-3　不同氮肥处理成熟期春玉米氮素累积量、氮肥利用率及土壤氮依存率

处理	籽粒氮素累积量（千克/公顷）	营养器官氮素累积量（千克/公顷）	氮素总积累量（千克/公顷）	氮肥利用率（%）	土壤氮依存率（%）
CK_1	67.8c	45.2c	112.9c	—	—
CK_2	103.9b	69.3b	173.2b	32.8%	65.2%

（续）

处理	籽粒氮素累积量（千克/公顷）	营养器官氮素累积量（千克/公顷）	氮素总积累量（千克/公顷）	氮肥利用率（%）	土壤氮依存率（%）
PCU$_1$	106.2b	70.8b	177.0b	34.8%	63.8%
PCU$_2$	113.7a	75.8a	189.4a	41.6%	59.6%
PCU$_3$	112.5a	75.0a	187.5a	40.5%	60.2%

（3）不同氮肥处理对春玉米不同生育期氮素累积量的影响。从表8-4可看出，对于苗期和拔节期的氮素积累量：包膜控释尿素与尿素配合基施处理间差异不显著；大喇叭口期习惯处理和包膜控释肥处理无显著差异；但从吐丝期开始 PCU$_2$、PCU$_3$ 处理氮素积累量显著高于习惯施肥处理。

表8-4　不同氮肥处理春玉米在不同生育期氮素积累量的变化

处理	苗期（千克/公顷）	拔节期（千克/公顷）	大喇叭口期（千克/公顷）	吐丝期（千克/公顷）	成熟期（千克/公顷）
CK$_1$	0.13a	22.51a	58.75c	86.00c	112.94c
CK$_2$	0.07a	26.37a	78.59bc	109.14bc	173.15b
PCU$_1$	0.10a	24.31a	79.98bc	127.01ab	176.53b
PCU$_2$	0.05a	24.10a	94.95ab	125.21ab	189.44a
PCU$_3$	0.07a	25.22a	103.31a	140.53a	187.50a

（4）不同释放期的包膜控释尿素田间释放特征。从图8-2中可以看出，春玉米从播种（4月30日）—苗期（6月30日）60天当中，PCU$_1$ 有90%以上氮素溶出，PCU$_2$ 和 PCU$_3$ 分别有66%、60%的氮素溶出，习惯施肥氮素供给略显不足。春玉米从苗期—拔节期—大喇叭口期—抽雄期，PCU$_1$ 在春玉米拔节前就已有90%以上氮素溶出，PCU$_2$ 和 PCU$_3$ 分别在春玉米大喇叭口期和抽雄期有80%左右的氮素溶出，基本满足氮素供给，氮素积累量明显高于 CK$_2$ 处理。虽然大喇叭口期（7月10日）CK$_2$ 处理表追施氮，但高温集中降雨季节氮素的损失增加，从而降低土壤氮素有效供给，影响 CK$_2$ 处理产量；同时，有研究表明，与普通尿素相比，控释尿素掺混普通尿素在玉米上应用可以降低土层硝态氮含量。

春玉米田间试验的3种不同释放期包膜控释尿素的氮素溶出率见图8-2。春玉米从播种（4月30日）—苗期（5月19日）—拔节期（6月30日）的60天中，PCU$_1$ 有90%（92.1%）以上的氮素溶出、PCU$_2$ 和 PCU$_3$ 分别有66.4%和60.1%的氮素溶出；从播种—苗期—拔节期—大喇叭口期（7月10日）—抽雄期（7月25日）的85天中，PCU$_2$ 有79.9%的氮素溶出；从播种—吐丝期的90天中，PCU$_3$ 有79.8%左右的氮素溶出；PCU$_2$ 到抽雄期有80%左右的氮素溶出，PCU$_3$ 则到吐丝期有80%左右的氮素溶出，基本满足氮素供给，氮素积累量明显高于习惯施肥处理。拔节前 PCU$_1$ 有90%以上的氮素溶出和习惯施肥处理大喇叭口期表追施氮素，增加了氮肥的淋溶和挥发，影响了氮素的有效供给，导致氮素积累量的减少，从而影响产量。

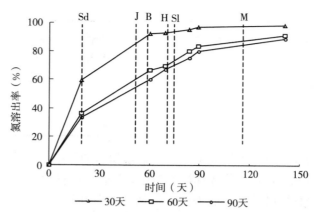

图 8-2　不同释放期包膜控释尿素田间氮素溶出特征

Sd. 苗期　J. 拔节期　B. 大喇叭口期　H. 抽雄期　Sl. 吐丝期　M. 成熟期

　　影响包膜控释尿素养分释放的主要因素是土壤温度和水分：温度对包膜控释尿素氮素溶出速度有直接影响，同时，土壤水分状况也是影响氮素溶出速率的一个因素，温度和水分对包膜控释尿素氮素养分溶出的影响分别占 83％和 11％，而其他因子及其交互作用只占 1％作用。据 2008 年白城市洮北区气象资料表明，春玉米从播种—苗期的 19 天，日平均气温 14.8℃，降水量 7.0 毫米；从苗期—拔节期的 42 天，日平均气温 20.2℃，降水量 190.8 毫米；从拔节期—大喇叭口期—抽雄期—吐丝期的 30 天，日平均气温 24.3℃，降水量 81.8 毫米；从吐丝期—收获期的 55 天，日平均气温 19.7℃，降水量 65.4 毫米。从以上统计结果可看出，从播种—苗期日均气温显著低于 25℃，苗期—拔节期日平均气温也低于 25℃，拔节期—吐丝期日平均气温接近 25℃，吐丝期—收获期日平均气温在 20℃左右；由于拔节期以前洮北区日均温低于 25℃，从而导致包膜控释尿素氮素释放缓慢，释放速率延长。

　　从图 8-2 中可以看出，释放期为 30 天的包膜控释尿素在春玉米拔节前就已有 90％以上氮素溶出，释放期为 60 和 90 天的包膜尿素分别在春玉米抽雄期和吐丝期有 80％左右的氮素溶出。春玉米在拔节期以前植株需氮量占总需求量的 16％，在生育中期，尤其在抽雄期前后为春玉米需氮量高峰。释放期为 60 和 90 天的包膜控释尿素作基肥一次性施用后，氮素溶出过程符合春玉米的吸氮规律，增产效果显著。

　　土壤表层温度是决定着包膜控释尿素养分释放速率，其次是土壤含水量，有研究表明，当土壤含水量高于田间持水量 40％时，土壤温度是决定包膜控释尿素养分释放的唯一因素。本试验在春玉米播种—吐丝期内，降水总量为 345 毫米，播种前浇足底墒，灌浆初浇水一次，虽然本试验没有测定土壤含水量，但播种至收获期间降水量和灌水能够满足此时期春玉米对水分的需求，因此，土壤水分在本试验中不是影响包膜控释尿素释放的主要因素。据 2008 年吉林省白城市洮北区气象资料统计表明，春玉米生长期间日平均气温 19.9℃，低于实验室恒温 25℃，尤其是播种—苗期的 19 天日平均气温仅有 14.8℃，从田间埋袋法与 25℃静水溶出法包膜控释尿素氮素溶出速率比较可知，温度决定着包膜控释尿素养分释放速率，这与 Oertli 和 Tamimi 等人的研究结果相一致。另有研究表明，控释氮肥氮素溶出速率与温度呈正相关关系，这从另一方面也说明了包膜控释尿素在本试验条件下释放期延长的原因。

由图8-2包膜控释尿素氮素溶出率室内试验可看出，60和90天的包膜控释尿素在35天之内氮素累积溶出率有差异，35～70天氮素累积溶出率无差异，70天以后90天的包膜控释尿素明显变慢，而春玉米吸氮高峰期在60～80天，因此，60和90天的包膜控释尿素氮素溶出率的差异并没有显著造成春玉米吸氮量的不同，对60和90天这两种包膜控释尿素对春玉米产量及生物学性状的影响也无显著差异。虽然60和90天的包膜控释尿素包膜材料配方不同，理论上氮素溶出率应该具有显著差异，90天的包膜控释尿素在田间的释放期应更长一些，但从图8-2埋袋田间试验实际释放结果看，二者氮素释放特征差别不大。究其原因：①包膜时选择的大颗粒尿素原料直径在2～4毫米，不同颗粒包膜的厚度和溶出率有差别，取样时不均匀有可能造成误差；②可能是90天的包膜控释尿素其包膜材料原料的质量不稳定造成包膜不均匀，从而导致60和90天的包膜控释尿素氮素释放无显著差异。鉴于以上，有待在以后的工作中对90天的包膜控释尿素与普通尿素配施在春玉米上的应用效应及田间释放特征做进一步试验研究。

（5）不同释放期的包膜控释尿素与普通尿素组成的肥料的经济效益分析。从表8-5可看出，PCU_1、PCU_2、PCU_3处理与CK_2处理相比，氮肥成本分别提高157、161、168元/公顷；净收入分别增加499、1 651、1 464元/公顷。控释肥料价格一般比普通氮肥价格高2～9倍，同时在玉米上的试验结果表明，单施包膜控释尿素经济效益并不理想。在等氮量、控释氮占总氮量30%的情况下，60和90天的包膜控释尿素与普通尿素配合基施与习惯施肥相比，春玉米产量显著增加；氮素积累量显著增加；氮肥利用率明显提高；经济效益显著提高。其中，释放期为60天的包膜控释尿素与普通尿素配合基施，经济效益最优。

表8-5　不同处理氮肥投入经济效益对比

| 处理 | 产量
（千克/公顷） | 产值
（元/公顷） | 氮肥成本（元/公顷） | | 追肥劳动力投入
（元/公顷） | 净收入
（元/公顷） |
			尿素	包膜尿素		
CK_1	6 675	12 015				12 015
CK_2	8 935	16 083	880	0	300	14 903
PCU_1	9 133	16 439	616	421	0	15 402
PCU_2	9 775	17 595	616	425	0	16 554
PCU_3	9 675	17 415	616	432	0	16 367

注：尿素价格以2008年7月国内市场价计，玉米价格以2008年11月国内市场价计，尿素价格2 200元/吨，释放期30天的包膜控释尿素价格3 300元/吨，释放期60天的包膜控释尿素价格3 500元/吨，释放期90天的包膜控释尿素价格3 900元/吨，追肥劳动力价格300元/公顷，玉米价格1 800元/吨。

8.2.2　包膜尿素与普通尿素不同配比在春玉米上的应用研究

随着玉米单产的不断提升，氮肥投入量不断增加，2008年东北地区氮肥用量达到207千克/公顷，过量氮肥投入造成玉米氮肥利用效率下降，氮肥损失比例增加，例如，中国每年农用氮肥有 60%～70% 损失到环境当中。

辽宁西部、吉林西部和黑龙江西部土壤类型为风沙土，风沙土养分含量低，保水保肥能力差，因此，既能保证土壤养分供应强度，同时又能阻控化肥损失是该地区养分资源管理面临的主要问题。国外学者研究表明，在风沙土上的大田作物用控释氮肥既可以提高氮肥利用效率，又能降低环境风险。国内学者对包膜尿素与普通尿素配施在玉米上的应用研究较多，如包膜尿素可以减少氮素损失，提高氮肥利用效率，减少温室气体排放和养分淋洗，同时树脂包膜肥料减少了施肥次数，降低了人工成本，增加了玉米产量。可见，树脂包膜肥料在大田上应用具有很大前景，符合当前精简化施肥技术要求。

由于包膜尿素相对于普通尿素成本较高，目前大田作物上应用的控释氮肥是由控释氮肥和普通氮肥掺混而成的混合氮肥，一般为包膜尿素和普通尿素混合，控释氮占总氮量比例为 15%～35%，控释氮肥占总氮量大于 30% 的比例在东北黑土区春玉米上的研究已有报道，而控释肥料的优势在于能够在跑水漏肥土壤上为作物提供持续的养分供应，从而获得高产高效，因此在东北风沙土区进行控释氮肥研究意义重大。围绕这一目标，本作者在东北风沙土区春玉米上对不同释放期包膜尿素进行筛选，结果表明释放期为 60 天的包膜尿素经济效益最好。为此，本文在释放期筛选试验的研究基础上，选择释放期为 60 天的包膜尿素与普通尿素配合施用于春玉米田上，通过对春玉米产量、氮肥利用效率、净收入、氮素养分花前花后养分分配及包膜尿素氮素溶出特征的综合分析，筛选出适合东北风沙土区春玉米生长的包膜尿素的种类及与普通尿素配比，为肥料企业、技术推广部门及农民在风沙土区应用包膜尿素提供依据。

8.2.2.1 材料与方法

（1）试验设计。试验于 2008 年在吉林省白城市洮北区三合乡于家村中低肥力的风沙土上进行，试验土壤 0～20 厘米土壤有机质为 8.5 克/千克，碱解氮为 92.6 毫克/千克，有效磷为 19.7 毫克/千克，速效钾为 93.9 毫克/千克。供试作物为春玉米，供试品种为先玉 335，前茬作物为春玉米。

试验采用随机区组设计，试验小区长 15 米，宽 10 米，面积 150 米^2，保护行长宽各 1 米。试验共设 6 个处理：（1）不施氮肥（CK_1）；（2）U（CK_2）；（3）20%PCU＋80%U（PCU_1）；（4）25%PCU＋75%U（PCU_2）；（5）30%PCU＋70%U（PCU_3）；（6）40%PCU＋60%U（PCU_4），每个处理 3 次重复。其中，PCU 为释放期为 60 天的包膜尿素，U 为普通尿素。施肥量：各处理（CK_1 处理不施氮肥）氮、磷、钾肥均为等量施肥，施氮量为 184.0 千克/公顷（以纯氮计），施磷量为 103.5 千克/公顷（P_2O_5），施钾量为 103.5 千克/公顷（K_2O）。施肥方式：氮肥：CK_1 不施氮肥，CK_2 处理氮肥分基肥和追肥两次施入，PCU_1、PCU_2、PCU_3、PCU_4 处理氮肥为一次性基施；磷肥和钾肥：所有处理均为一次性基施，即播前撒施翻耕。施肥时期：CK_2 处理基肥施氮量为 46.0 千克/公顷，追氮量为 138.0 千克/公顷（大喇叭口期施用），追肥为沟施后覆土。

包膜尿素埋袋处理：称取所述释放期为 60 天的包膜尿素各 5 克，缝合在孔隙为 1 毫米×1 毫米的塑料网袋中，共 18 袋，定位埋植于保护行土中，深度为 10～20 厘米，并插牌标出。在关键生育期每次取 3 袋，测试包膜尿素氮素残留量。玉米种植行距 50 厘米，株距 30 厘米，三叶期定植密度为 60 000 株/公顷。生育期内按先玉 335 栽培技术进行管理。

（2）测试项目与方法。

植株全氮：在春玉米生育期内于苗期、拔节期、大喇叭口期、吐丝期和成熟期分别取玉米地上部 3 株，植株样用于全氮测定，采用开氏法测定。

考种：在成熟期对每小区预留的 5 米×8 米测产区测产，并在测产区随机取 10 株植株进行室内考种，测定株高、穗粒数、千粒重。

氮肥利用效率：

① $RE_N = (U - U_0)/N$，其中，RE_N 为氮肥回收效率，U 为施氮后作物收获时地上部的吸氮总量，U_0 为未施氮时作物收获期地上部的吸氮总量，N 代表化肥氮的投入量。

② $AE_N = (Y - Y_0)/N$，其中，AE_N 为氮肥农学效率，Y 为施氮后所获得的作物产量，Y_0 为不施氮肥条件下作物的产量，N 代表氮肥投入量。

③ $PFP_N = Y/N$，其中，PFP_N 为氮肥偏生产力，Y 为施氮肥后所获得的作物产量，N 代表氮肥的投入量。

玉米净收入：净收入＝玉米籽粒收入－氮肥成本－施肥劳动力成本。

试验数据应用 SPSS 19.0 分析软件进行统计显著性分析。

8.2.2.2 结果与分析

（1）不同处理对春玉米干物质量和吸氮量及其比例的影响。

表 8-6 不同处理春玉米干物质和吸氮量及其比例

处理	地上部干物质（吨/公顷）		地上部吸氮量（千克/公顷）	
	花前	花后	花前	花后
CK₁	6.72b	5.09c	95b	28c
CK₂	7.46a	8.08b	111a	77ab
PCU₁	7.00ab	8.21b	105ab	86a
PCU₂	7.05ab	8.97ab	110a	91a
PCU₃	7.28a	9.66a	116a	93a
PCU₄	6.91ab	9.16ab	113a	86a
累积比例（%）				
CK₁	57	43	77	23
CK₂	48	52	59	41
PCU₁	46	54	55	45
PCU₂	44	56	55	45
PCU₃	43	57	56	44
PCU₄	43	57	57	43

包膜尿素和普通尿素配施处理可以显著提高玉米产量的另外一个重要原因是包膜尿素持续的氮素供应提高了花后干物质比例及花后地上部吸氮量的比例。PCU_1、PCU_2、PCU_3、PCU_4 处理花后地上部干物质积累量比例为 54%～57%，而 CK_2 处理为 52%。PCU_1、PCU_2、PCU_3、PCU_4 处理花后地上部吸氮量为 43%～45%，而 CK_2 处理为 41%。有研究表明，随着玉米产量水平的提高，花后干物质和氮素累积比例显著增大（表 8-6），可见花后氮素积累非常重要，因此，实现持续的玉米根层氮素供应强度和玉米氮素需求相匹配是提高玉米产量的关键，包膜尿素可以持续的供给玉米生长所需氮素，从而增加了花后干物质量和氮素积累量，提高了玉米产量。

（2）不同处理对春玉米吸氮量、氮肥利用率的影响。

包膜尿素和普通尿素配施处理可以显著提高成熟期玉米总吸氮量、籽粒和营养器官吸氮量，从表 8-7 可以看出，PCU_1、PCU_2、PCU_3、PCU_4 处理总吸氮量显著高于 CK_2 处理，其中，PCU_3 处理春玉米总吸氮量最高，为 208.5 千克/公顷；同时，籽粒和营养器官吸氮量与玉米总吸氮量表现出相同的趋势，即 PCU_1、PCU_2、PCU_3、PCU_4 处理显著高于 CK_2 处理。

表 8-7　不同处理成熟期春玉米吸氮量及氮肥利用率

处理	总吸氮量（千克/公顷）	吸氮量（千克/公顷）		氮肥利用率	氮肥农学效率	氮肥偏生产力
		籽粒	营养器官			
CK_1	122.9d	73.8e	49.2e	—		—
CK_2	187.3c	112.4d	75.0d	35%	12%	48%
PCU_1	191.6b	115.0c	76.7c	37%	14%	50%
PCU_2	201.2ab	120.7ab	80.5ab	43%	16%	53%
PCU_3	208.5a	125.1a	83.4a	47%	17%	54%
PCU_4	199.0ab	119.4b	79.6b	41%	16%	52%

包膜尿素和普通尿素配施处理可以显著提高氮肥利用效率。由表 8-7 可看出，PCU_1、PCU_2、PCU_3、PCU_4 处理可以提高氮肥利用率（RE_N），比 CK_2 处理分别提高 2、8、12 和 6 个百分点；PCU_1、PCU_2、PCU_3、PCU_4 处理可以提高氮肥农学效率（AE_N），比 CK_2 处理分别提高 2、4、5 和 4 个百分点；PCU_1、PCU_2、PCU_3、PCU_4 处理可以提高氮肥偏生产力（PFP_N），比 CK_2 处理分别提高 2、5、6 和 4 个百分点。从以上分析可以看出，PCU_3 处理 RE_N、AE_N 和 PFP_N 最高，分别为 47%、17% 和 54%。

树脂包膜尿素和普通尿素配施处理千粒重增加，见表 8-8，主要因为树脂包膜尿素在苗期—吐丝期田间氮素释放了 84%，满足了春玉米在拔节期—吐丝期对氮素的需求，关键生育时期氮素的有效供给相对增加，从而促进植株氮素积累及氮素向库转移，从而提高玉米千粒重。

（3）不同处理对春玉米产量及产量因子的影响。

表 8-8　不同处理对春玉米产量、产量因子及净收入的影响

处理	平均产（千克/公顷）	增产率（%）		穗粒数（粒/穗）	千粒重（克）	净收入（元/公顷）
CK$_1$	6 675c	0	—	335a	430e	12 015
CK$_2$	8 898b	33.3%	0	357a	488d	15 087
PCU$_1$	9 192b	37.7%	3.3%	344a	525b	16 512
PCU$_2$	9 667a	44.8%	8.6%	335a	546a	16 936
PCU$_3$	9 850a	47.6%	10.7%	342a	548a	17 253
PCU$_4$	9 544a	43.0%	7.3%	348a	506c	16 679

注：表中不同字母表示差异达 5% 显著水平。表内尿素价格以 2008 年 6 月当时的市场价计（中国化工信息网），玉米价格以 2008 年 12 月当时市场价计（中国玉米信息网），普通尿素 2 200 元/吨，60 天释放期的包膜尿素 3 500 元/吨，追肥劳动力投入 300 元/公顷，玉米 1 800 元/吨。

相对于农民习惯处理（CK$_2$），树脂包膜尿素和普通尿素配施处理可以显著提高玉米产量，尤其 PCU$_2$、PCU$_3$ 和 PCU$_4$ 处理，增产 7.3%～10.7%，其中 PCU$_3$ 增产最高，为 10.7%。从产量构成来看，树脂包膜尿素和普通尿素配施处理提高春玉米产量主要是因为提高了玉米千粒重，而非穗粒数。从表 8-8 可以看出，PCU$_2$ 处理和 PCU$_3$ 处理显著提高玉米千粒重。有研究表明，春玉米在拔节期—吐丝期吸氮量占总需氮量的 66%，而农户常规处理在大喇叭口期追施 60% 的尿素，大喇叭口期正值东北地区雨季，尿素淋溶和挥发严重，同时风沙土保水保肥能力差，共同影响了氮素的有效供给，从而影响千粒重和产量。夏海丰等研究也证实了施用树脂包膜尿素可以使玉米千粒重提高。

从净收入来看，相对于 CK$_2$，虽然 PCU$_1$、PCU$_2$、PCU$_3$、PCU$_4$ 处理氮肥成本分别提高 48、60、72、96 元/公顷，但净收入却分别增加 1 425、1 849、2 166、1 592 元/公顷。可见树脂包膜尿素与普通尿素配合基施不但可以节省劳动力投入，同时可以提高农民经济收益。

控释肥料的价格一般比普通肥料高 2.5～8 倍，即使用再生塑料的树脂包膜尿素，每吨价格也要比普通尿素高 1 000～1 500 元，全量树脂包膜尿素一次性底施在玉米上应用已有报道，但肥料投入成本太高，且增产效果不理想。有研究报道，在等氮量条件下，全部都为释放期 60 天的树脂包膜尿素在夏玉米上基施减产。而本研究表明，树脂包膜尿素与普通尿素配合基施既能满足春玉米对氮素的需求，还能减少用工、提高产量和净收入。

（4）树脂包膜尿素田间溶出特征。包膜尿素氮素释放速率由土壤温度和土壤含水量决定，因此不同土壤类型不同生态区树脂包膜尿素释放速率不同，因此在选择适合特定生态区域的树脂包膜尿素氮时需要田间试验来观测其田间溶出特征。如本试验采用的释放期为 60 天的包膜尿素，是在实验室 25℃ 静水条件下测定，60 天释放出 88% 的氮素，但田间埋袋法包膜尿素释放特征与 25℃ 静水条件下不同，田间埋袋法树脂包膜尿素初期（24 小时）养分释放率为 5%，19 天养分释放率为 33%，60 天（拔节期）养分释放率为 60%，69 天（大喇叭口期）养分释放率为 67%，84 天（抽雄期）养分释放率为 80%，89 天（吐丝期）养分释放率为 84%，141 天（成熟期）养分释放率为 89%（图 8-3）。可见，包膜尿素在

田间延长了释放期，后期氮素释放为花后氮肥持续供应提供了保障，从而提高了花后干物质和氮素积累，提高了千粒重和产量。

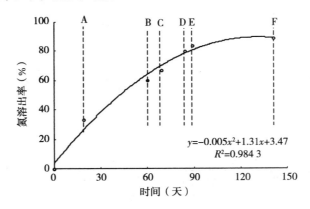

图 8-3　包膜尿素田间氮素养分溶出特征

A. 苗期　B. 拔节期　C. 大喇叭口期　D. 抽雄期　E. 吐丝期　F. 成熟期

土壤表层温度决定着树脂包膜尿素养分释放速率，其次是土壤含水量，有研究表明，当土壤含水量高于田间持水量 40％时，土壤温度是决定树脂包膜尿素养分释放的唯一因素。吉林白城地区气候四季分明，玉米生育期内日均温度为 19.9℃，低于 25℃，尤其在播种—苗期 19 天中，日平均气温仅有 14.8℃，因此包膜尿素在田间释放期显著延长。虽然本试验未测定玉米生育期内土壤含水量，但玉米播种后和灌浆初期浇水一次，且玉米播种到吐丝期期间降水总量为 345 毫米，因此水分条件不是影响树脂包膜尿素释放的主要因素。从以上分析可见，土壤温度是影响东北风沙土区包膜尿素养分释放的主要因素，这与 Oertli 和 Tamimi 等人的研究结果相一致。另有研究表明，控释氮素溶出速率与温度呈正相关关系，这也部分解释了为什么东北地区包膜尿素在田间条件下释放期延长。

8.3　控释专用肥一次性施肥技术与示范

8.3.1　凌源市万元店镇春玉米示范

春玉米控释肥示范田在辽宁省凌源市万元店镇铁匠炉村李振红种植户示范 6.67 公顷，于 2013 年 4 月 25～26 日机带肥播种，常规肥料与控释专用肥均机播一次施入；辽宁凌源市城关镇西官村后营子组李永华示范 6.67 公顷，于 2013 年 4 月 25～26 日人工开沟施肥播种，常规肥料追肥一次，控释专用肥一次施肥。7 月 11 日召开控释肥技术宣传及现场观摩会，9 月 30 日收获（图 8-4）。两个示范点常规施肥和春玉米控释专用肥采用等氮量设计。春玉米控释专用肥中控释氮肥占 30％（以纯氮计），控释尿素（30％）的释放期为 60 天，含氮 42.3％。不同处理肥料配方、施肥量和施肥方法详见表 8-9 和表 8-10。

图 8-4　春玉米一次性种、肥同播

表 8-9　铁匠炉村春玉米示范方案

处理	配方、施肥方式	肥料用量（千克/公顷）
常规施肥	N：P₂O₅：K₂O＝26：10：12，机播一次沟施	750
控释专用肥	N：P₂O₅：K₂O＝26：10：12（含7.8控释氮肥）机播一次沟施	750

表 8-10　西官村春玉米示范方案

处理	施肥方式	肥料用量（千克/公顷）
常规施肥	N：P₂O₅：K₂O＝13.4：10：12，基沟施，12.6氮大喇叭口期人工追施	750
控释专用肥	N：P₂O₅：K₂O＝26：10：12（含7.8控氮），人工一次沟施	750

由表 8-11 可看出，控释专用肥示范田产量比习惯施肥增产 1.65 吨/公顷，增 11.9%。由于本示范中控释专用肥与常规施肥采用等氮量施肥及控释肥价格较高，因此氮肥的投入成本比常规施肥高 240 元/公顷，但控释专用肥采用一次性施肥较常规施肥又节省了 300 元/公顷的追肥劳动力投入，故总的施肥投入反而降低了 60 元/公顷。将产值扣除肥料投入成本后，控释专用肥比常规施肥的净收入增加 3 690 元/公顷。因此，无论从

表 8-11　西关村春玉米产量经济效益

处理	产量（吨/公顷）	产值（元/公顷）	氮肥成本（元/公顷）	追肥人工投入（元/公顷）	净收入（元/公顷）
控释专用肥	15.48	34 065	1 299	0	32 765
常规施肥	13.83	30 435	1 059	300	29 075

注：2013 年春玉米收购价格 2 200 元/吨，尿素 2 500 元/吨，包膜尿素 4 000 元/吨，追肥人工 300 元/公顷。

增产还是增收的角度看，控释专用肥相比常规施肥的优势都非常明显。

表 8-12　铁匠炉村春玉米产量和经济效益

处理	产量 （吨/公顷）	产值 （元/公顷）	氮肥成本 （元/公顷）	净收入 （元/公顷）
控释专用肥	14.63	32 181	1 299	30 882
常规施肥	13.18	28 997	1 059	27 937

由表 8-12 可看出，控释专用肥示范田产量比习惯施肥增产 1.45 吨/公顷，增幅 11%。由于本示范中控释专用肥与常规施肥采用等氮量施肥、控释肥价格较高及常规施肥也采用一次性施肥，因此控释专用肥的施氮投入成本比常规施肥高 240 元/公顷，将产值扣除肥料投入成本后，控释专用肥比常规施肥的净收入增加 2 945 元/公顷，增幅为 10.5%。因此，无论从增产还是增收的角度看，控释专用肥相比常规施肥的优势都非常明显。

8.3.2　内蒙古林西县隆平农场春玉米示范

曲线型控释肥春玉米示范布置在内蒙古林西县隆平农场，示范面积 33.3 公顷，春玉米品种为先正达 408，于 2014 年 4 月 25 日机带肥播种后覆膜，9 月 30 日收获（图 8-5）。示范田与习惯施肥采用等肥量设计，肥料配方均为氮∶磷∶钾＝26∶10∶12，由北京富特来复合肥料有限公司统一加工生产。春玉米控释专用肥中控释氮肥占 30%（以纯氮计），其中 S 型控释尿素（10%）释放期 90 天，含氮量 42.0%，L 型控释尿素（20%）的释放期为 60 天，含氮 42.3%。不同处理肥料配方、施肥量和施肥方法详见表 8-13。春玉米收获后测产和烤种。

图 8-5　春玉米抽雄前长势对比

表 8-13　隆平农场春玉米示范方案

处理	施肥方式	肥料用量 （千克/公顷）
控释专用肥	N∶P_2O_5∶K_2O＝26∶10∶12（含 30%控释氮肥），氮、磷、钾肥机播一次沟施	750
习惯施肥	N∶P_2O_5∶K_2O＝26∶10∶12，氮、磷、钾肥机播一次沟施	750

由表 8-14 可看出，控释专用肥示范田与习惯施肥相比，产量增加 1 365 千克/公顷，增幅为 12.0%。在产量三因素中，示范田春玉米的穗粒数和千粒重均高于习惯施肥，分别增 4.34% 和 7.18%，说明控释专用肥的氮素供应更能吻合春玉米全生育期的氮素需求，特别是籽粒形成阶段的氮素需求。

表 8-14　隆平农场春玉米产量及产量三因素

处理	穗数 （穗/公顷）	穗粒数 （粒/穗）	千粒重 （克）	平均产量 （千克/公顷）
示范田	60 000	720	348	12 735
习惯施肥	60 000	690	323	11 370

由于示范田春玉米相对习惯施肥显著增产，因此其产值亦显著提高，虽然控释专用肥比习惯施肥的肥料投入成本增加了 278 元/公顷；但春玉米产量和产值的增加已大大超过这部分增加成本，因此示范田的净收益亦明显高于习惯施肥，达 2 867 元/公顷，增幅为 12.4%（表 8-15），说明控释专用肥相比常规配方肥更能促进农民增收。

表 8-15　隆平农场春玉米示范田经济效益

处理	产量 （千克/公顷）	产值 （元/公顷）	氮肥成本 （元/公顷）	净收入 （元/公顷）
示范田	12 735	25 977	1 123	24 854
习惯施肥	11 370	23 877	845	23 032

注：春玉米收购价格 2 100 元/吨，2014 年 4～7 月 46% 的尿素 2 000 元/吨，包膜尿素 3 800 元/吨。

8.3.3　吉林省白城市洮北区德顺镇春玉米示范

控释肥春玉米示范田在吉林省白城市洮北区德顺镇实施，示范面积 33.3 公顷，春玉米品种为先正达 408，于 2014 年 4 月 25 日机带肥播种 10 月 1 日收获（图 8-6）。示范点常规施肥和春玉米控释专用肥采用等肥量设计，肥料配方均为氮∶磷∶钾＝26∶10∶12，由北京富特来复合肥料有限公司统一加工生产。春玉米控释专用肥中控释氮肥占 30%

图 8-6　春玉米一次性种、肥同播播前准备

（以纯氮计），其中 S 型控释尿素（10％）释放期 90 天，含氮量 42.0％，L 型控释尿素（20％）的释放期为 60 天，含氮 42.3％。不同处理肥料配方、施肥量和施肥方法详见表 8-16。春玉米收获后测产和烤种。

表 8-16　德顺镇春玉米示范方案

处理	面积（公顷）	施肥方式	施氮量（千克/公顷）	用量（千克/公顷）
控释专用肥	33.3	N：P_2O_5：K_2O＝26：10：12（含 30％控释氮肥）全部氮磷钾机播一次沟施	195	750
习惯施肥	33.3	40％氮和全部磷钾基施，大喇叭口期追 60％氮	216.7	

由表 8-17 可看出，在减氮 10％的条件下，示范田的春玉米穗数、穗粒数和千粒重均高于习惯施肥，其中穗粒数和千粒重增加较多（分别增 8.4％和 5.6％），从而使得示范田的春玉米产量较习惯施肥增加 1 130 千克/公顷，增 12.7％。说明示范田所用控释专用肥的养分供应（主要是氮）优于习惯施肥，促进了春玉米的生长发育。

表 8-17　德顺镇春玉米产量及产量三因素

处理	穗数（穗/公顷）	穗粒数（粒/穗）	千粒重（克）	平均产量（千克/公顷）
示范田	54 167	633	35.8	10 053
习惯施肥	53 333	584	33.9	8 923

由表 8-18 可看出，虽然示范田单位面积氮肥成本较习惯施肥有一定增加，但控释专用肥采用一次性施肥省略的追肥投入能完全抵消肥料增加成本，示范田的肥料总投入成本反而还低于习惯施肥，在产量产值增加和投入降低的情况下，示范田的春玉米种植净收入比习惯施肥增加 2 492 元/公顷，增收比例高达 12.5％。在氮肥投入上，示范田低于习惯田，更证明了控释专用肥的优越性。

表 8-18　德顺镇春玉米示范田经济效益

处理	产量（千克/公顷）	产值（元/公顷）	氮肥成本（元/公顷）	追肥投入（元/公顷）	净收入（元/公顷）
示范田	10 053	21 111	1 123	0	19 988
习惯施肥	8 923	18 738	942	300	17 496

注：春玉米收购价格 2 100 元/吨，尿素 2 000 元/吨，包膜尿素 3 800 元/吨。

8.4　一次性施肥技术规程

8.4.1　范围

本标准规定了春玉米一次性施肥土样采集、土壤测试、施肥技术、施肥指标。

本标准适用于春玉米主产区中上等肥力，保水保肥性好，能够做到深施肥的地块的一次性施肥。

8.4.2　规范性引用文件

下列文件对于本文件的应用是必不可少的。凡是注日期的引用文件，仅注日期的版本适用于本文件。凡是不注日期的引用文件，其最新版本（包括所有的修改单）适用于本文件。

GB/T 6682　分析实验室用水规格和试验方法（neq ISO 3696：1987）

GB 12297—1990　石灰性土壤有效磷测定方法

NY/T 889　土壤速效钾和缓效钾的测定

NY/T 1118　测土配方施肥技术规范

NY/T 1119　土壤监测规程

NY/T 1121.1　土壤样品的采集、处理和贮存

NY/T 1121.7　酸性土壤有效磷的测定

LY/T 1228　森林土壤氮的测定

HG/T 3931—2007　缓控释肥料

GB 23348—2009　缓释肥料

8.4.3　术语与定义

下列术语和定义适用于本文件。

8.4.3.1　土壤肥力

土壤肥力是指土壤为植物生长提供和协调营养条件及环境条件的能力。

8.4.3.2　肥力指标

肥力指标是表明土壤的物理性状、化学性状、生物性状参数。

8.4.3.3　肥料

肥料是能直接提供植物必需的营养元素，改善土壤性状，提高植物产量和品质的物质。

8.4.3.4　缓控释肥料

缓控释肥料是指以各种调节机制使其养分最初释放缓慢，延长植物对其有效养分吸收利用的有效期，使其养分按照设定的养分速率和释放期缓慢或控制释放的肥料。

8.4.3.5　掺混肥料

掺混肥料是指氮、磷、钾三种养分中，至少有两种养分标明量的由干混方法制成的颗粒状肥料，也称为 BB 肥。

8.4.3.6　缓控释掺混肥料

缓控释掺混肥料是指由粒径相近的速效肥料和缓控释肥料按照一定比例混合而成的掺混肥料。

8.4.3.7　基肥

基肥是指作物播种或移植前施用的肥料。

8.4.3.8　施肥量

施肥量是指单位面积土壤中肥料养分或实物投入量。

8.4.3.9 一次性施肥

一次性施肥是指在玉米种植上所采用的一种施肥方法，即将基肥和种肥在整地时一次性施入土壤中，玉米生长后期不用再施肥。

8.4.4 土样采集

8.4.4.1 采样单元确定

根据所在耕地分布特点，按地形、地势、土壤特性等划分采样单元。

8.4.4.2 采样时间

当季作物收获后或下茬作物种植的第一次施肥前进行土样采集。

8.4.4.3 采集土层深度

土壤样品的采集深度为 0～20 厘米。

8.4.4.4 采样方法

同一采样单元取一个混合样。每个土壤混合样品采集样点的多少，取决于采样单元的大小、地形复杂程度，采样点呈 S 形或梅花形分布。采样方法按 NY/T 1121.1 中规定执行。

土壤样品制备与保存

按 NY/T 1121.1 中规定执行。

8.4.5 土壤测试

土壤碱解氮按 LY/T 1228 执行；土壤速效磷含量测定按 GB 12297—1990 和 NY/T 1121.7 执行；土壤速效钾含量测定按 NY/T 889 执行。

8.4.6 施肥技术

8.4.6.1 地块选择

应选择中上等肥力土壤，有机质含量较足，保水保肥性好，能够做到深施肥的地块；保水保肥性差的砂质土壤或连续 5 年以上采用一次性施肥的地块禁止应用该项技术。

8.4.6.2 肥料选择

根据市场情况，应选择符合标准的缓控释肥料作为一次性肥料，即缓控释包膜肥料、稳定性肥料、脲甲醛肥料。

8.4.6.3 推荐配方

缓控释掺混肥（推荐 28-12-10 或相近配方，氮肥中应有 30% 释放期为 50～60 天的缓控释氮素）；稳定性肥料及脲甲醛肥料（推荐 28-12-10 或相近配方），肥料养分供应期为 50～60 天。

8.4.6.4 施肥方法

所有肥料在玉米整地时作底肥一次性深施，施肥深度应在种子下方 12～15 厘米或侧下方 8～10 厘米，以防烧种烧苗。

8.4.7 施肥指标

春玉米一次性施肥技术指标按表 8-19 执行。

表 8-19　春玉米一次性施肥技术指标

肥力等级	肥力指标（毫克/千克）	产量水平（千克/公顷）	肥料类型	推荐施肥量（千克/公顷）	折纯养分用量（千克/公顷）
低	碱解氮 110～130；速效磷 10～25；速效钾 60～120	<7 500	缓控释掺混肥（推荐 28-12-10 或相近配方，氮肥中应有 30%释放期为 50～60 天的缓控释氮素）；稳定性肥料及脲甲醛肥料（推荐 28-12-10 或相近配方），肥料养分供应期为 50～60 天	<800	N<224 P_2O_5<96 K_2O<80
		7 500～9 000		800～850	N 224～238 P_2O_5 96～102 K_2O 80～85
		9 000～10 500		850～900	N 238～252 P_2O_5 102～108 K_2O 85～90
		10 500～12 000		900～950	N 252～266 P_2O_5 108～114 K_2O 90～95
		>12 000		>950	N>266 P_2O_5>114 K_2O>95
中	碱解氮 130～160 速效磷 25～40 速效钾 120～150	<7 500	缓控释掺混肥（推荐 28-12-10 或相近配方，氮肥中应有 30%释放期为 50～60 天的缓控释氮素）；稳定性肥料及脲甲醛肥料（推荐 28-12-10 或相近配方），肥料养分供应期为 50～60 天	<650	N<182 P_2O_5<78 K_2O<65
		7 500～9 000		650～700	N 182～196 P_2O_5 78～84 K_2O 65～70
		9 000～10 500		700～750	N 196～210 P_2O_5 84～90 K_2O 70～75
		10 500～12 000		750～800	N 210～224 P_2O_5 90～96 K_2O 75～80
		>12 000		>800	N>224 P_2O_5>96 K_2O>80

（续）

肥力等级	肥力指标 （毫克/千克）	产量水平 （千克/公顷）	肥料类型	推荐施肥量 （千克/公顷）	折纯养分用量 （千克/公顷）
高	碱解氮 ＞160 速效磷 ＞40 速效钾 ＞150	＜7 500	缓控释掺混肥（推荐 28-12-10 或相近配方，氮肥中应有 30%释放期为 50~60 天的缓控释氮素）；稳定性肥料及脲甲醛肥料（推荐 28-12-10 或相近配方），肥料养分供应期为 50~60 天	＜500	N＜140 P_2O_5＜60 K_2O＜50
		7 500~9 000		500~550	N 140~154 P_2O_5 60~66 K_2O 50~55
		9 000~10 500		550~600	N 154~168 P_2O_5 66~72 K_2O 55~60
		10 500~12 000		600~650	N 168~182 P_2O_5 72~78 K_2O 60~65
		＞12 000		＞650	N ＞182 P_2O_5＞78 K_2O＞65

9 聚合物包膜控释肥料在水稻上的应用

9.1 推荐施肥方法

我国是世界上水稻生产大国，2010 年，我国水稻总种植面积为 0.299 亿公顷，年产稻谷 1.958 亿吨（《中国统计年鉴》，2011）。2007 年，我国的水稻播种面积占全球的 18.6%，总产占全球的 28.8%，居世界第一，其单产水平是世界平均水平的 1.5 倍。20 世纪 70 年代前，稻谷总产量的增加与播种面积的增加有很大关系，水稻种植面积由 1949 年的 2 570.85 万公顷增加到 1975 年的 3 572.84 万公顷，增加了 1 001.99 万公顷；在这期间水稻单产从 1 892 千克/公顷 增加到了 3 514 千克/公顷。从 1975 年至今，水稻播种面积逐渐减少，而水稻总产则呈现增加趋势，这主要得益于水稻单产的增加。我国的水稻单产已由 1975 年的 3 514 千克/公顷增加到 2008 年的 6 563 千克/公顷。20 世纪 70 年代后期，杂交水稻得到大面积的推广，在 80 年代中期水稻单产水平就已经突破 5 000 千克/公顷，而到 90 年代中期水稻单产水平突破 6 000 千克/公顷。但是近十几年来水稻总产和单产增产缓慢，总产和单产的增长率逐渐降低。

我国水稻肥料施用及利用率现状：化肥在水稻生产中占有着非常重要的地位。在当前的水稻生产中，由于肥料的不合理施用限制了肥料的增产作用，降低了肥料的利用率。

主要问题有以下几点：

①化肥投入过高。全国农业技术推广服务中心调查的 17 个省（自治区、直辖市）中水稻施氮量超过了 200 千克/公顷的占 65%（以纯氮计），磷肥在甘肃、广东、湖南和海南的投入量在 100 千克/公顷以上（以 P_2O_5 计）。对安徽省太湖县 4 个乡镇进行了两年的肥料施用情况调查，结果显示当季水稻的平均氮肥用量超过 180 千克/公顷。对江苏省 30 个市（县）667 户农户进行了水稻肥料施用的实地调研，全省水稻平均施氮量为 331.7 千克/公顷，总施氮量约为 74.5 万吨，直接导致农民多支出 8.8 亿元。有研究报道显示，湖南省水稻施氮量有 65% 的地区超过 200 千克/公顷。诸多研究表明，我国水稻生产过量施肥现象非常普遍。

②化肥种类比较单一，氮、磷、钾三要素搭配比例不合理。对湖南省水稻化肥品种调查显示，农民多数习惯施用单质肥，复混肥的施用量不到 10%。三元复混肥在江西、云南和广西的使用分别达到了 76%、41% 和 41%。据我国 30 多个省 15 000 多个农户的施肥比例情况进行了报道，结果显示多数省份的 P_2O_5/N 低于 0.5，有些地区则不到 0.15，而多数省份的 K_2O/N 在 0.2 以下。随着施氮量的不断增加，磷和钾的相对比例降低，这就使得养分供应存在比例失衡现象，似乎这种现象随着氮肥的增加还在加剧。云南全省水稻养分投入的 $N:P_2O_5:K_2O$ 比例为 $1:0.24:0.26$，其中的氮投入量为 326.3 千克/公顷。

③化肥损失严重、养分利用率低。高量化肥的投入不仅无助于增加产量，相反肥料利用率降低。[15]N 田间微区试验结果显示，水稻氮肥的损失率多为 30%～70%。对两个水稻品种进行了不同施氮量的研究显示，当施氮量超过 150 千克/公顷时水稻产量均不再显著增加。在太湖水稻产区连续两年的试验显示，相对于常规施肥，减少 50% 的施氮量对水稻产量未有显著影响。许多研究结果表明，在减少氮肥总投入量 20%～40% 的情况下，水稻产量与农民常规施肥基本持平。诸多研究报道显示，我国水稻氮肥当季利用在 27%～35%，磷肥利用率地区间的变异范围为 11.6%～13.7%，钾肥利用率地区间的变异范围为 29.0%～33.8%。氮、磷、钾的比例不协调限制了氮肥利用率的提高。大量的化肥随着农田排水、径流、挥发等途径损失，不仅降低了肥料利用率，也加剧了水体富营养化，湖泊水中的氮来自农田损失的氮所占比例为 7%～35%。

我国水稻养分管理现状。当前我国水稻推荐施肥和养分管理的方法有很多，可以分为基于土壤及植株测试方法及田间设备测试方法。

土壤及植株测试方法：依据土壤测试及植株测试的方法进行推荐施肥的研究有很多，国家对测土配方施肥也给予了多年的支持，研究者们也使用诸多方法进行了研究，如测土配方施肥法、目标产量法、地力分级法。许多的推荐施肥模式都是以土壤及植株测试为基础建立的，如肥料效应函数法、养分动态模型模拟法等。当前应用最多的是根据土壤测试应用"3414"试验建立产量与施肥量间的函数关系，或者通过布置不同肥料量级试验得到最高产量和最佳经济产量下的施肥量，以及其他肥料效应模拟方程等。还有各种依据作物养分吸收、干物质累积及作物-土壤养分平衡等进行建模推荐施肥的，如作物系统模拟框架（CSSF）、肥料运筹动态模型、水稻生长模型 CERES-Rice 及养分累积和作物动态模拟模型等都可以为推荐施肥提供施肥依据。

这些测试方法一般包括土壤及植株养分采集、样品前处理、室内分析等步骤，再经过数据处理得出理想的施肥量。其不足之处在于都要求样品的采集和处理，对于一年两季及一年三季的轮作制度地区没有足够的时间，因为从样品的采集到测试需要一段时间。而我国主要以小农户为主要经营单元，很难做到一家一户依据测土进行施肥。虽然依据土壤及植株测试的方法在很大程度上增加了推荐施肥的精确性，但其人力、物力及财力无非是巨大的。

田间简易设备测试：应用一些简易装置在田间对作物本身的养分进行实时监测。在国内在此方面研究最多的是氮素，这主要由氮素本身的性质决定的。快速叶绿素测定仪（SPAD）和叶色卡（leaf color chart，LCC）及光谱诊断等方法观测叶片氮素情况并依此指导施肥，从而最大限度地提高氮肥利用效率，获得水稻优质高产的最佳施肥模式。也有应用扫描图像光谱特征和模式识别对水稻叶片磷素进行诊断的研究。这些仪器可以在田间条件下无损伤的检测植物叶片中的氮素含量，可以称得上是实地养分管理方法。

随着产量的不断增加，水稻的肥料用量在过去几十年里也在不断增加。2008 年，我国的肥料总用量达到了 5 239 万吨（折纯量），化肥施用量居全球首位。我国面临日益增加人口对粮食增产的巨大需求压力，形成了我国特有的靠化肥的大量投入来增加单产的农田高强度利用生产体系。农民对水稻的施肥通常是根据他们的视觉观察，但是大量研究证明，高量化肥投入不仅不能带来进一步的产量增加，而且还威胁到生态环境安全，造成地表水或地下水体硝酸盐含量超标，并影响到农田的可持续利用。大量的农田养分流失到内陆湖泊中造成水体的富营养化，有研究表明全国 46％和 57％的河流和湖泊受到农田径流的影响。一些主观性的方法也很难成为可持续的养分管理措施。提高肥料增产效果和利用率，减少肥料损失及由肥料损失而产生的环境压力，是我国农业可持续发展面临的严峻挑战。随着人们日益关注由农业带来的污染问题如地表水和地下水污染、温室气体排放等，如何精确地对水稻进行推荐施肥和养分管理变得越来越重要。

随着施肥量不断增加，作物养分管理在过去三四十年里已经受到重视，同时也出现了很多大面积的笼统的推荐施肥方法。常规的推荐施肥方法通常是根据在不同地点布置肥料因子试验得出经验的肥料效应方程进行推荐施肥。一个关键的问题是许多目前的方法没有充分考虑养分的交互作用，不能作为高产条件下养分吸收和养分内在效率的驱动力。大量的田间研究表明土壤养分供应，养分利用率以及作物产量反应在水稻农田间以及同一水稻田都存在着很大的变异。管理好着这些变异性已经成为进一步增加集约化水稻生产力的一个主要挑战。我国的土壤类型、气候等地区差异很大，水稻品种更新较快，也不可能做到每个区域都布置田间试验进行函数模型模拟并推荐施肥。

我国农业生产主要以小农户为主要经营单元，很难做到一家一户依据测土进行施肥，即使有土壤测试结果，也需要大量的作物田间验证才能给出有指导意义的推荐施肥结果。而且，氮素由于在土壤—作物体系较为活跃，目前国内外还没有一个令人满意的能够表征土壤氮素营养状况的测试方法，更谈不上合理的氮素施肥推荐。虽然使用 SPAD 仪和 LCC 可以进行实时监测，但 SPAD 仪的价格是农民不能接受的，以及如何使用 LCC 确定用量也存在着不确定因素。传统施肥较多只是基于单一的经验性施肥参数，而我国作物种植区域辽阔，单一的经验性的施肥参数不能给出我国不同地区或作物的个性化的合理的施肥推荐。应用我国目前水稻养分吸收特征参数指导施肥存在一定的局限，限制了高产品种产量潜力的发挥和肥料利用率的提高。由 Janssen 等开发研制的 QUEFTS 模型能够避免单一或少量数据点获得养分吸收数据指导施肥的偏差。现阶段我国不能依据过去较低水稻产量水平下的养分吸收数据或个别的试验数据指导当前集约化条件下水稻养分管理和推荐施肥，迫切需要应用 QUEFTS 模型开展高产水稻养分吸收特征研究，并建立养分吸收与高效施肥之间的定量参数。

作物产量反应指施入某种养分后作物的增产效应，即施入某种养分作物的产量与不施某种养分作物的产量之差。养分的农学利用效率是指施入单位养分的产量增加量，是一个易于获得的参数。作物产量反应和农学效率是表征土壤肥力和评价施肥效应的有效手段。应用产量反应和农学效率的推荐施肥原理是将土壤中的内在养分供应看作一个"黑箱"，用不施该养分地上部的养分吸收来表征土壤养分供应，即土壤的内在养分供应，由此解决了困扰广大科学工作者的土壤氮素供应问题。而在进行磷和钾推荐施肥时除了考虑产量反应时还要考虑维持土壤肥力部分，其充分考虑了土壤磷和钾的平衡。而这就需要借助 QUEFTS 模型分析不同生育类型水稻的最佳养分吸收特征参数。基于作物产量反应和农学效率是在前期大量的田间试验和测土的基础之上提出来的一种简便易行，易于被广大的科学工作者和农民接受的科学指导施肥方式，其最大的优点是不需要测土，只需要农民回答一些简单的问题就可以得出合理的施肥量。前期本课题在玉米和小麦上的研究结果表明，基于作物产量反应和农学效率的推荐施肥方法在不降低产量而略有升高的条件下提高了肥料利用率和农民收入。而近年来我国的水稻品种更新速度非常之快，不同类型品种的各种农学参数指标很不清楚。这就迫切需要我们了解不同生育类型及不同类型水稻品种在当前土地高强度利用下的土壤基础养分供应、产量反应及农学特征等参数，进一步优化我国水稻的养分管理及推荐施肥技术，减少因施肥不当而产生的产量和环境负面效应，建立适合我国不同生育类型水稻的推荐施肥方法，使我国的水稻推荐施肥技术更加完善。这就需要建立一个适合我国的实地养分管理技术方法。

水稻养分专家系统是基于计算机的决策支持系统，该系统考虑了诸多轮作体系，如一季稻种植系统、小麦或油菜-水稻轮作系统，双季稻轮作系统等，依据每种种植类型水稻的区域分布特点及养分吸收特征有针对性地进行施肥。该系统能够帮助当地的科研人员/技术推广人员迅速给出水稻的施肥决策。水稻养分专家系统通过确定当地的目标产量以及为达到这个目标产量提供合理的施肥管理措施，从而能够帮助农民提高产量和经济效益。该软件仅需要农民或当地的科研人员提供一些简单的信息。通过回答一系列简单的问题，用户就可以得到基于当地特点（如水稻生长环境）及当地可利用的肥料资源的施肥指导。该系统还可以通过比较农民习惯施肥和推荐施肥措施的成本和收益，提供简单的经济效益分析。另外，水稻养分专家系统提供了快捷帮助、即时的图表概要，加上软件中一些模块增加了导航的适用性，使该软件在设计上成为一种易学的工具。

水稻养分专家系统提供的施肥指导原则基于以下目标：充分利用土壤基础养分供应，提供充足的氮、磷、钾及其他养分，使养分胁迫降到最低并获得高产，在短、中期内获得高的效益，避免作物养分的奢侈吸收，保持土壤肥力。水稻养分专家系统可以帮助您：评估农户当前的养分管理措施，基于可获得产量确定一个有意义的目标产量，给出选定目标产量下的氮、磷、钾施肥量，将氮、磷、钾施肥量转换为肥料实物量，确定合适的施肥措施（合适的用量、合适的肥料种类、合适的位置、合适的施用时间），比较当前农民和推荐施肥两种措施下预期的经济效益。

9.1.1 水稻养分专家推荐施肥系统模块

水稻养分专家推荐施肥系统包含 4 个模块，见图 9-1。

NE 水稻系统主界面，由 4 个模块构成：【当前农民养分管理措施及产量】、【养分优化管理施肥量】、【肥料种类及分次施用】和【效益分析】。每个模块都能形成一个单独的报告单或者保存为 pdf 文件，或者也可以选择一次性打印全部报告或者保存为 pdf 文件。用户可以选择点击 4 个模块中的任何一个，模块之间后台的数据是共享的。

每个模块至少包含两个问题，用户在一系列供选答案中选择和（或）在设计的文本框中输入数值就可以回答这些问题。每个模块都提供可被打印或保存的文档（pdf）。用户可以在不同模块间进行切换和修改，但用户必须认识到在某个模块中的修改会影响到其他模块（模块间数据是共享的）。

当前农民养分管理措施及产量：该模块提供了当前农民养分管理措施及可获得产量的总体概况。该模块的输出报告是一个包括肥料施用时间、肥料施用量以及肥料 N、P_2O_5、K_2O 用量的概要性表格。

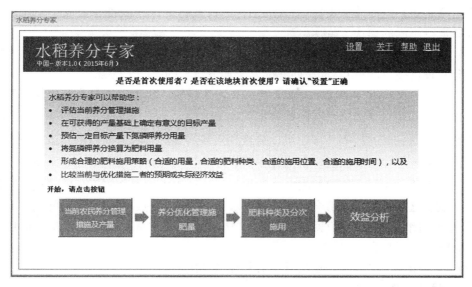

图 9-1　水稻养分专家推荐施肥系统主界面

养分优化管理施肥量：该模块在预估的产量反应和农学效率养分管理原则基础上，推荐出一定目标产量下的氮、磷、钾肥料需要量；也可通过已有信息对某个新地区可获得产量和产量反应进行预估进而推荐施肥。其他影响养分供应的因素或措施——如有机肥的投入（粪便）、作物残茬管理、上季作物管理等——都需要考虑，从而调整氮、磷、钾肥料的施用量。

肥料种类及分次施用：该模块帮助用户将推荐的氮、磷、钾养分用量转换为当地已有的单质或复合肥料用量，并符合 SSNM 优化施肥原则。该模块的输出报告是一个针对特定生长环境的最佳养分指导原则，即包括选择合适的肥料种类、确定合适的施肥量及合适的施肥时间。

效益分析：该模块比较了当前农民施肥措施及推荐施肥措施两种方式下预估经济效益或实际经济效益。它展示了一定目标产量下推荐施肥管理措施带来的预期收益变化。经济效益分析需要用户定义农产品和种子价格，肥料投入成本是根据"设置"页面中用户所定义的试验地点的肥料价格来计算。输出报告显示了一个简单的利润分析，包括收入、化肥和种子成本、预期效益及采用优化施肥带来的效益的变化。

设置页面：设置页可以作为用户对当地具体信息的自定义数据库，如田块面积单位及产量（地点描述）、当地已有的肥料种类、养分含量及价格（无机肥料、有机肥料）。输入的数据或信息都会在关闭页面后自动保存。

9.1.2　软件操作基本步骤

（1）打开 NE Rice. mde 来启动该软件。

（2）在【主页】，点击【设置】（在主页的右上方）。

点击【地点描述】、【无机肥料】和【有机肥料】，查看或补充地点信息以及肥料品种、养分含量和价格信息。

点击【关闭】返回【主页】。输入或选择的数据将会保存以备 5 个模块调用。现在就可以准备运行不同的模块了。

（3）在【主页】，点击代表 4 个模块的 4 个按钮中的任何一个。在所选模块（如当前农民养分管理措施及产量），依次回答屏幕上连续显示的每一个问题。

（4）点击页面右下角的【下一步】进入下一个模块。也可以通过点击模块标签切换到其他任意模块（如养分优化管理施肥量）。

注意：问题后面的 **?** 按钮可以链接到对该问题的解释或简短的背景介绍。

（5）你可以在任何时间通过点击【返回】或模块标签切换返回到前一个模块。

（6）如果要打印某个模块的报告或输出结果，可以点击页面左下角的【报告】按钮。

（7）点击【重置】按钮将会清除当前模块所有已输入的数据或回答的问题，点击【关闭】按钮会关闭当前模块并返回到【主页】。一旦返回【主页】或切换到其他模块，该模块所有已输入数据会自动保存。

（8）要关闭并退出软件，点击【主页】和【退出】即可。

9.1.2.1　设置界面

当用户第一次使用时，我们建议用户首先进入【设置】页面输入地块信息，输入的地块信息将自动在后面的 4 个模块中得到应用（图 9-2）。

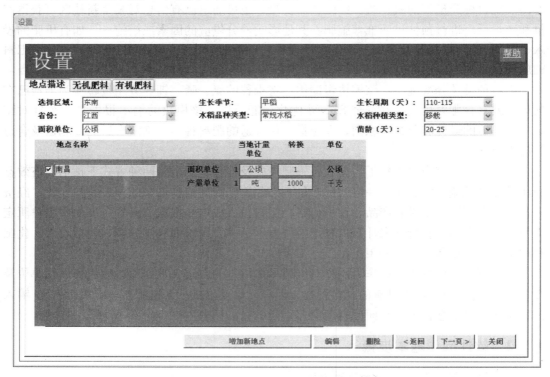

图 9-2　水稻养分专家系统设置界面中的地点描述界面

输入信息：当地面积单位和产量单位，标准单位为"公顷"和"千克"。标明有效 N、P_2O_5、K_2O 养分含量的当地化肥种类及每千克化肥的价格。

输出信息：这些信息用于软件不同的模块和函数调用。水稻养分专家系统能够储存或保存当地具体信息，如当地计量单位、可用肥料种类及价格。当首次使用或在新的区域使用该软件时，用户首先需要进入【设置】窗口进行设置。再次使用已知地点信息，用户仅需要选择地点和编辑已有的信息。

地点描述：用户可以选择区域、省份和生长季节，选择或添加一个地名。当地面积单位、籽粒产量单位与标准单位的转换（如公顷、千克）都在本页输入，当需要时，可以在软件的其他模块调用。如果输入了几个位置信息，要确认一定在地点信息旁边激活（使已输入地点信息处于"打钩"状态）以确保输入的地点信息处于"激活"状态。

无机肥料（图9-3）：用户可以通过选择已有的肥料清单或/和添加新的肥料种类，确认化肥信息齐全。其中，化肥信息包括：肥料养分含量（N%、P_2O_5%、K_2O%）及每千克的肥料价格。注意：对于每一个地点，肥料的种类、养分含量及价格信息必须齐全。点击"编辑"按钮可编辑、修改和输入肥料信息，输入"数值"后，点击"保存"按钮。

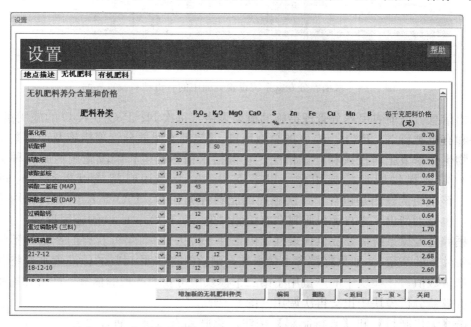

图9-3　水稻养分专家系统设置界面中的无机肥料设置界面

有机肥料（图9-4）：用户可以通过选择已有的有机肥清单或/和添加新的有机肥种类，确认有机肥料信息齐全。有机肥信息包括：养分含量（N%、P_2O_5%、K_2O%）及有机肥料的价格。

9.1.2.2　当前农民养分管理措施及产量

地点名称由开始前的【设置】自动获取。地块大小默认为1公顷，但是也可以用户设定。含水量信息默认值是标准含水量14%，用户也可以自行输入，然后NE系统按照标准含水量折算成籽粒产量（用户输入的含水量的范围是10%～35%）。

输入信息：当前一般气候条件下该季作物的产量。当前农民养分管理措施——肥料用量（无机肥料、有机肥料）、施肥时间。

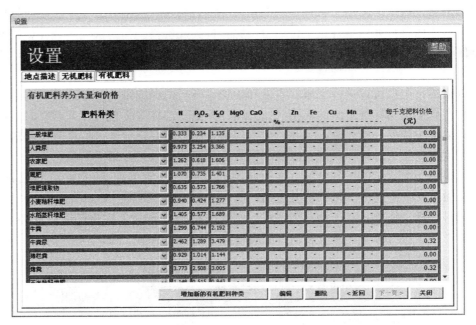

图 9-4 水稻养分专家系统设置界面中的有机肥料设置界面

输出信息：当前农民养分管理措施的概要表格（每次 N、P_2O_5、K_2O 的施用量）。无机肥料和有机肥料 N、P_2O_5、K_2O 的总施用量。【当前农民养分管理措施及产量】是指农民在作物生长季节肥料投入和产量情况。它包括水稻不同生长阶段施用的肥料种类及用量。用户需要提供肥料的施用量（以千克表示）及施用时间或以播种后时间表示（DAP）。该模块的输出是包含了每次施用的肥料种类和 N、P_2O_5、K_2O 肥料施用量的概要表格，也分别列出了来自无机肥料和有机肥料的 N、P_2O_5、K_2O 的施用量。

水稻养分专家系统需要提供代表性气候条件下过去 3～5 年可获得的产量（不包括异常气候条件下的产量）。如果籽粒含水量未知，则软件将按照 14% 的标准含水量将其转化为标准产量数值。该模块中的产量用于第二个模块中可获得产量的估算。产量和施肥量在最后经济效益分析模块中也会再次调用（图 9-5）。

点击【无机肥料】和【有机肥料】按钮，化肥和有机肥品种就会在下拉菜单中显现（当前市场上常用的肥料品种已经在设置页面输入进入系统，如果列表中没有，则仍可以返回【设置】菜单进行输入），用户填写肥料的施用量，系统就会计算出单位面积肥料养分用量并以列表的形式显示出来。这里不能直接输入施用的养分用量，因为在后面的【效益分析】模块计算时要用到所施用肥料的价格。用户一旦完成第一个界面并准备进行【下一页】界面，输入的"姓名、地点、地块大小"等信息就会被拷贝到【优化施肥量】界面，而输入的施肥信息也将被拷贝到【经济效益分析】界面，并参与运算。关于第一个问题的回答也将被用到下一页的"估算可获得产量"上。【重新设置】按钮将会清除之前的所有输入及相链接的其他模块。

9.1.2.3 养分优化管理施肥量

输入信息：估计可获得产量：如果知道可以直接填入数值；否则可以通过一些可选项

图 9-5 水稻养分专家系统中的当前农民养分管理措施及产量界面

进行估算，主要包括除作物养分以外的其他土壤障碍因子，如盐渍土、泥炭土和酸性硫酸盐土。估计作物对氮、磷、钾肥的产量反应：如果知道可以直接填入数值；否则可以通过一些可选项进行估算，包括土壤肥力指标，如土壤质地和颜色、有机肥施用情况、上季作物信息（产量、施肥量和秸秆还田情况）作物秸秆处理方式、有机肥施用和上季作物养分带入情况（图 9-6）。

图 9-6 水稻养分专家系统中的养分优化管理施肥量界面

输出信息：根据可获得目标产量和产量反应给出的氮、磷、钾需要量，养分平衡或必要的调整。

9.1.2.4 肥料种类和分次施用

氮磷钾施肥量：由【养分优化管理施肥量】估算的肥料用量拷贝而来，但是用户也可以自己修改（图9-7）。

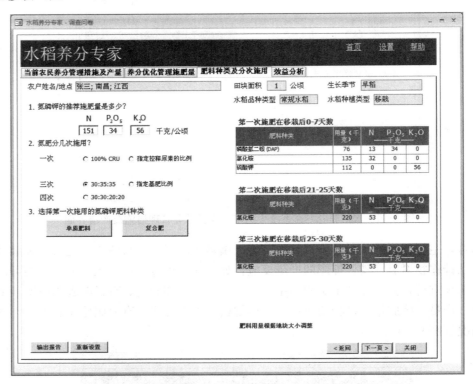

图9-7 水稻养分专家系统中的肥料种类和分次施肥推荐界面

氮肥分次施用：如何确定作物生育期氮肥施肥次数：用户可选择1、3或4次分次施用氮肥。

氮肥分1次施用：主要考虑农民不愿意追肥的情况下采用。可以选100%的控释尿素，也可以选用30%～80%的控释尿素；如果选用部分施用控释尿素，则剩余的氮素由普通尿素等其他氮素肥源补充。

氮肥分3次施用：如果施氮量小于150千克/公顷，则建议分3次施氮。用户可以选择选择30∶35∶35比例或"指定基肥施用比例"。"指定基肥施用"选项允许用户指定具体的基肥施用比例，数值位于20%～35%。如果指定基肥比例，则后两次氮肥平均分配。

对于常规稻，建议3次施氮肥的时期分别为基肥、有效分蘖期和穗分化期（PI），分别对应移栽后的0、20～25和40～45天。时间随着不同水稻类型而变化，PI为收获时间向前推60天，抽穗期为收获时间向前推30天。需要在系统中进行确认。

对于杂交稻，建议3次施氮肥的时期分别为基肥、穗分化期和抽穗期，分别对应移栽后的0、40～45和70～75天。

氮肥分 3 次施用的情况下，如果钾肥用量大于 60 千克/公顷，则建议分两次施用，比例为 60％和 40％，第二次施钾与第二次施氮的时期相同。

氮肥分次施用的注意事项。第一次施肥的实际施用比例可能根据选择的肥料种类（单质或复合肥）不同而较原选定施肥比例略有变化，采用单质肥料较易实现选定施肥比例，而施用复合肥料较难一些。第一次施肥选用复合肥时，首先以磷肥用量来计算（磷肥用量决定着复合肥的用量），这就意味着氮肥用量可能较原计划用量增加或降低。第二、三次肥料用量（尿素）由氮总用量与第一次用量之差来决定。

钾肥分次施用条件：钾肥依据推荐量的多少在生育期间建议施用 1～2 次。如果钾肥用量大于 60 千克/公顷，则建议分两次施用，比例为 60％和 40％。如果钾肥基肥为复合肥，则第一次施钾量随着复合肥中磷肥用量而有些变化，则剩余的钾肥（KCl 或 17－0－17）由第二次施用补齐。如果钾肥必须一次施用，并且选择的磷肥肥源为复合肥，则不足的钾素由单质钾肥补足。

选择第一次施用的氮、磷、钾肥料种类。可以选择"单质肥"或者"复合肥"作为肥料种类，则可以通过下拉菜单选择肥料种类。但是并不是所有情况复合肥都能满足已知的推荐的养分需求，这种情况下可以选择"复合肥＋单质肥"。如施氮量较高的情况下可以选择分 4 次施用，选择了肥料以后，NE 系统则会根据选定的肥料品种和氮肥施肥次数进行列表，把肥料以实物量的形式按照施肥时间排列出来（图 9－8）。

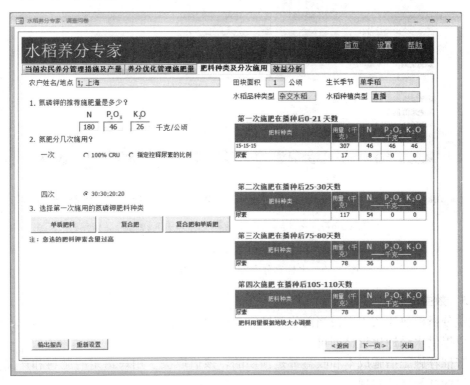

图 9－8　水稻养分专家系统中多次施肥推荐界面

关于中微量元素缺乏的纠正。如果土壤存在中微量元素不足问题，可在模块二

【养分优化管理施肥量】"预估可获得的产量"中勾选相关元素，系统将会在模块二【肥料种类和分次施用】的"输出报告"中给出纠正中微量元素缺乏的推荐施肥方法（图9-9）。

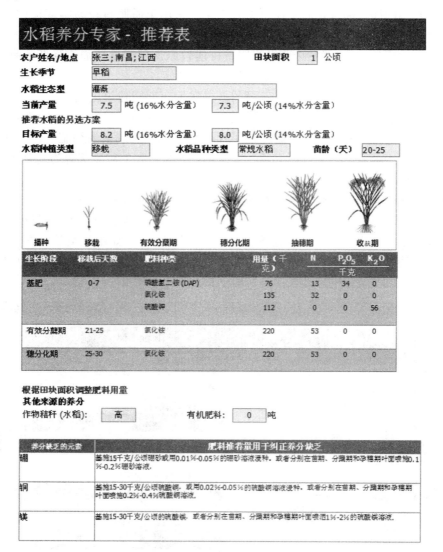

图9-9　水稻养分专家系统中的施肥指导界面

9.1.2.5 效益分析

效益分析模块比较了农民当前施肥措施和推荐施肥措施预计投入和收益。该分析模块需要用户提供水稻销售价格即可（图9-10）。

所有推荐施肥措施成本和收益都是预期的，该值取决于用户给定的肥料和产品价格，并假定目标产量能够实现。

右上角的"全部报告"按钮允许把4个模块的全部输出报告保存或打印成一个文件，而每一页底下的"报告"按钮只能打印当前页面的输出报告（结束）。

图 9-10 水稻养分专家系统中经济效益分析界面

9.2 包膜控释肥料的释放期及配施比例试验研究

9.2.1 材料与方法

田间试验于 2013 年 4～10 月布置在吉林省白城市洮北区林海镇朱家村一社种植户赵凤宝水稻田。供试土壤为轻壤土，前茬作物为水稻，0～20 厘米土壤有机质 24.2 克/千克，氨态氮含量 4.41 毫克/千克，硝态氮含量 5.43 毫克/千克，有效磷 22.6 毫克/千克，速效钾 183 毫克/千克，pH 7.8。育秧试验：河渠淤土有机质 29.1 克/千克，铵态氮含量 3.62 毫克/千克，硝态氮含量 6.13 毫克/千克，有效磷 19.7 毫克/千克，速效钾 123 毫克/千克，pH 7.5。4 月 5 日左右取河渠淤土过筛后的细土，每盘 2 千克左右，调酸至 pH 5～5.5，扣塑料棚（提高棚温），施用 150～200 千克 12∶18∶15 的硫基复合肥，与调酸后的土混匀。4 月 18～19 日用机插育秧盘（规格：580 毫米×280 毫米×28 毫米）育秧，水稻品种为白金 1 号。习惯育秧按如下流程进行：底覆土—机播浸过的稻籽—覆土—喷灌浇水—覆透气膜，起床前 5 天左右追施硫铵，用量为每 15 米^2 追 1 千克；曲线型控释肥接触施肥育秧流程如下：底覆土—曲线型控释肥料—播浸过的稻籽—覆土—喷灌浇水—覆透气膜（具体设计见表 9-1）。曲线型控释尿素埋袋处理：称取曲线型包膜控释尿素各 5 克，缝合在 1 毫米孔径的塑料网袋中，共 36 袋，定位埋植秧土下面，插牌标示。每 7 天取 3 袋，余下的插秧当天埋入本田中。

田间试验采用随机区组设计，设 5 个处理：①CK$_1$（习惯育秧，不施氮肥）；②CK$_2$（习惯育秧，习惯施肥）：施氮量 180 千克/公顷，其中底肥、返青、分蘖和穗蘖追肥比例分别为 25%、18.75%、37.5% 和 18.75%；③控释 N$_1$（施氮量 144 千克/公顷），接触施肥育秧（育秧时将 20％S 型控释尿素进行接触施肥），剩余 80％氮肥（30％L 型控释尿素＋50％速氮）在水稻移栽时一次基施；④控释 N_2（施氮量 126 千克/公顷），全量接触施肥育秧（育秧时将全部氮肥以曲线型控释尿素进行接触施肥），生长期不再施用氮肥；⑤控释 N_3（施氮量 144 千克/公顷）采用习惯育秧，插秧前氮肥（20％曲线型控释尿素＋30％L 型控释尿素＋50％速氮）一次底施，水稻生长期不再追肥。所有处理在水稻移栽时施入等量磷钾肥，具体方案见表 9－2。小区长 10 米，宽 3 米，小区面积 30 米^2，3 次重复。试验中所用曲线型控释尿素和直线型控释尿素释放期（氮素累积释放 80％）分别为 180 和 60 天。

插秧前取秧苗测定植株数量、单株鲜重、干重、植株高、植株全氮，收获时每个小区量好行距、穴距，每个小区均匀取 6 穴稻株，考种调查记录穗数、穗粒数、秕粒率、千粒重（稻籽含水率 14.5％时测定），称植株、稻籽鲜重和干重及含氮量。全氮用凯氏定氮法测定。每个小区取 3 个 2 米^2 晒干后，稻籽含水率 14.5％时测定计产。收获后按 0～20、20～40、40～60、60～80 和 80～100 厘米取土样测定铵态氮、硝态氮。土壤硝态氮和铵态氮含量采用连续流动分析（TRAAS－2000/CFA，德国）测定。

氮肥利用率采用差值法计算，其公式为

氮肥利用率＝（施氮区吸氮量－无氮区吸氮量）/施肥量×100％。

数据统计分析应用 SPSS17.0 软件。

表 9－1　育秧施肥方案

育秧处理	育秧施氮（千克/公顷）	施氮方式
习惯育秧	—	追施硫铵 1 次
控释 N_1	28.8	S 型控释肥部分接触施肥
控释 N_2	126	S 型控释肥全量接触施肥

表 9－2　田间试验施肥方案

处理	施氮量（千克/公顷）	育秧方式	施氮方式	施磷量（千克/公顷）	施钾量（千克/公顷）
CK$_1$	0	习惯	基施	120	105
CK$_2$	180	习惯	基施＋3 次追肥	120	105
控释 N_1	144	部分接触	基施	120	105
控释 N_2	126	全量接触	基施	120	105
控释 N_3	144	习惯	基施	120	105

9.2.2　结果与分析

由表 9－3 可看出，曲线型控释肥在育苗时进行接触施肥显著提高了秧苗的地上部干重，比常规育秧分别增加 31.4％和 102％，秧苗株高提高，分别提高 15％和 16.6％。上述结果说明曲线型控释肥采用接触施肥方式使得释放养分的利用效率较高，而且这种新型施肥方式有利于培育壮苗。

表 9-3　插秧时秧苗长势

处理	地上部干重（克/株）	地下部干重（克/株）	秧苗株高（厘米）	百株干重（克）
习惯	0.035c	0.034a	15.08b	3.45c
控释 N_1	0.046b	0.031a	17.34a	3.85b
控释 N_2	0.071a	0.026a	17.58a	4.85a

由表 9-4 可看出，控释肥料在前 21 天基本无氮素溶出，在整个育秧阶段氮素累积释放也仅为 4.59%。曲线型控释肥这种前期养分释放特征既能避免抑制种子萌发和烧根，而且少量肥料释放又满足了水稻苗期对氮素需求，促进了秧苗的健康成长，使秧苗健壮、无病、根系呈白色。农民习惯育秧由于后期 7～10 天内追施 1～2 次硫酸铵，易感染白粉病。

表 9-4　控释肥料在水稻育秧棚中的累积溶出

时间（天）	7	14	21	28	36
累积释放率（%）	0	0	0.65	2.35	4.59

由表 9-5 可看出，在减氮 20% 的条件下，相比习惯施肥（CK_2），接触育秧加基施（控释 N_1）和习惯育秧加基施（控释 N_3）的水稻显著增产，分别增加为 539 千克/公顷和 536 千克/公顷，增均为 6.5%；增产的主要原因是穗粒数显著增加（分别增加 12% 和 18%）；3 个处理的千粒重和穗数差异不大。与习惯施肥（CK_2）比，全量接触施肥育秧处理（控释 N_2）的水稻产量显著减产（减产 5.56%），该处理产量较低的主要原因是单位面积穗数和穗粒数均显著低于常规施肥，单位面积穗数偏低表明水稻分蘖期的氮素供应不足，而穗粒数偏低表明成穗阶段氮素供应无法满足水稻吸收需求。导致该处理水稻减产的可能原因首先是曲线型控释肥的释放期过长（水稻收获时仍有较多肥料未释放出来），虽采用了接触施肥这种高效施肥方式，但控释肥的养分供应仍未能满足水稻关键生长阶段的氮素需求，从而造成氮素供应不足；其次，2013 年的全国性普遍低温天气（比常年低

表 9-5　不同处理对水稻产量及产量因素的影响

处理	产量（千克/公顷）	穗数（万穗/公顷）	穗粒数（粒/穗）	千粒重（克）	秕粒率（%）
CK_1	4 720d	263.5c	88c	24.0c	2.3b
CK_2	8 271b	448.9a	101b	24.9bc	5.0a
控释 N_1	8 810a	452.7a	113a	26.1a	5.8a
控释 N_2	7 811c	350.0b	96c	25.8ab	6.1a
控释 N_3	8 807a	426.1a	119a	26.0a	4.7a

2～3℃）也是重要影响因素之一，因为控释肥的养分释放基本由温度决定，温度偏低将会导致释放速度降低，释放期延长。

从图 9-11 可以看出，水稻土壤中基本没有硝态氮淋洗损失发生，硝态氮除了根层土壤（0～20 厘米）含量稍高（也在正常范围）外，20 厘米以下土壤都较低且处理之间差异不大，这可能与水稻土中有一致密犁底层阻止了硝态氮向下淋溶有关。所有处理的铵态氮在整个土壤剖面均较低且处理间基本无差异，施肥对其变化影响不大。

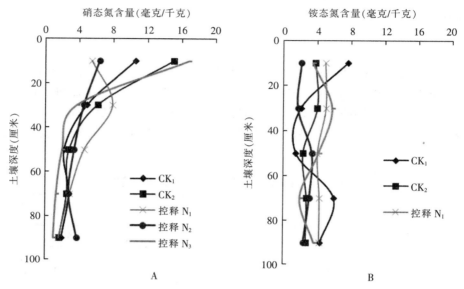

图 9-11　水稻收获后土壤剖面无机氮分布
A. 硝态氮　B. 铵态氮

由表 9-6 可看出，施氮处理的水稻吸氮量均显著高于不施氮对照，在 4 个施氮处理中，控释 N_1 和控释 N_3 处理吸氮总量无差异，但均显著高于 CK_2 和控释 N_2。与常规施氮相比，施用控释肥的氮素利用率提高 10.1～17.6 个百分点，说明施用控释肥能提高氮素利用效率，考虑到曲线型控释肥仍有部分养分在水稻收获后未释放出来，因此控释肥的氮肥利用率还有进一步提高的潜力。

表 9-6　不同处理收获期水稻吸氮量及氮肥利用率

处理	施氮量（千克/公顷）	吸氮总量（千克/公顷）	籽粒吸氮量（千克/公顷）	营养器官吸氮量（千克/公顷）	氮肥利用率（％）
CK_1	0	46.1c	27.1c	18.7c	
CK_2	180	98.7b	66.2b	32.5b	29.2
控释 N_1	144	113.5a	75.8a	37.8a	46.8
控释 N_2	126	95.6b	60.1b	35.5a	39.3
控释 N_3	144	109.1a	75.9a	33.2b	43.8

由表 9-7 可看出，虽然控释氮肥的价格高于普通氮肥，但通过减少氮肥用量和速效缓效掺混的方式，将氮肥投入增加成本在相对合理的范围（99～222 元/公顷），进一步考虑施用控释肥免去追肥环节，则控释肥的总投入成本（氮肥成本＋劳动力投入）反而低于常规施氮（节省 278～401 元/公顷）。在减氮 20% 的条件下，控释 N_1 和控释 N_3 处理比习惯施肥（CK_2）净收入显著增加，分别增加 1 858 和 1 849 元/公顷，增为 8.54% 和 8.5%。控释 N_2 由于氮肥减量更多，加之曲线型控释肥的释放期长于预期导致控释 N_2 处理的水稻显著减产，因此该处理的净收入较常规施氮降低了 1 062 元/公顷。因此，若曲线型控释肥的释放能吻合水稻的氮素需求，控释肥增产增收的效益将更加明显。

表 9-7　水稻种植经济效益

处理	产量 （千克/公顷）	产值 （元/公顷）	氮肥成本 （元/公顷）	追肥劳动力投入 （元/公顷）	净收入 （元/公顷）
CK_1	4 720d	13 216	0	0	13 216
CK_2	8 271b	23 160	978	450	21 732
控释 N_1	8 810a	24 667	1 077	0	23 590
控释 N_2	7 811c	21 870	1 200	0	20 670
控释 N_3	8 807a	24 658	1 077	0	23 581

注：2013 年水稻收购价格 2 800 元/吨，尿素 2 500 元/吨，包膜尿素 4 000 元/吨，追肥人工 450 元/公顷。

9.3　控释专用肥一次性施肥技术与示范

9.3.1　白城市洮北区林海镇水稻免追肥示范

曲线型控释肥在水稻上的育秧接触施肥和免追肥示范布置在吉林省白城市洮北区林海镇朱家村一社种植户赵凤宝水稻田地里，2013 年 4 月 18 日至 4 月 20 日水稻育秧，机插育秧盘育秧的规格为长 580 毫米×280 毫米×28 毫米，育秧面积为 1 600 米²，育秧所用曲线型控释尿素释放期 150 天，含氮 42.0%，具体处理见表 9-8。其中控释 N_1 处理的为曲线型控释尿素进行接触施肥，即将曲线型控释尿素与育秧用营养土掺混均匀后装入育秧盘，随后播种育秧，并同时召开曲线型控释肥育苗接触施肥操作现场会 1 次（图 9-12、图 9-13），秧苗移栽时带肥移栽，其他处理采用常规育秧方法。

表 9-8　曲线型控释肥水稻示范方案

示范处理	面积（公顷）	施氮量（千克/公顷）	施氮方式
常规施氮	0.2	180	底肥＋3 次追肥
控释 N_1	10	144	S 型接触施肥＋底肥
控释 N_2	5.3	144	底肥

注：控释 N_1 和控释 N_2 处理的控释氮素占 50%，其中曲线型（150 天）和直线型（60 天）控释氮素分别占 20% 和 30%。

具体操作方法：插秧翻地前，将底肥均匀撒施，然后翻地—耙地—水泡田—插秧，常规按农民习惯进行，从 2013 年 5 月 26 日开始机插秧，5 月 29 日插秧结束，插秧面积为 16.2 公顷（村东 8.07 公顷、村西 8.13 公顷）。9 月 16 日召开控释肥应用效果现场观摩会，10 月 1 日收获，收获前调查取样、示范田按农业部测产验收办法测产验收。

图 9-12　水稻育秧控释肥与稻籽接触施肥

图 9-13　控释施肥接触育秧插秧前长势

表 9-9　示范田产量及产量三因素

处理	产量 （千克/公顷）	穗数 （万穗/公顷）	穗粒数 （粒/穗）	千粒重 （克）	秕粒率 （%）
常规施氮	9 076	404.6	98	24.4	5.0
控释 N_1	9 408	392.2	106	24.8	5.8
控释 N_2	9 618	398.1	106	24.5	4.7

从表 9-9 可以看出，在总氮量减 20% 的条件下，控释肥示范田产量比常规施肥增产 332～541.5 千克/公顷，增幅为 3.7%～6.0%。从水稻产量构成因素来看，虽然低温天气导致控释肥释放期延长，一定程度上影响了控释肥示范田的穗数（比常规施氮减少 1.5%～3.0%），但由于控释肥的持续供氮能力高于速效氮导致穗粒数增加明显（增加 8 粒/穗），因此控释肥示范田产量仍然高于常规施氮。

表 9-10　水稻种植经济效益

处理	产量 （千克/公顷）	产值 （元/公顷）	氮肥成本 （元/公顷）	追肥人工投入 （元/公顷）	净收入 （元/公顷）
常规施氮	9 076	25 414	978	450	23 986
控释 N_1	9 408	26 342	1 087	0	25 255
控释 N_2	9 618	26 930	1 087	0	25 843

注：2013 年水稻收购价格 2 800 元/吨，尿素 2 500 元/吨，包膜尿素 4 000 元/吨，追肥人工 450 元/公顷。

从表 9-10 可以看出，与常规施氮相比，施用控释肥在增产 3.7%～6.0% 的情况下，单位面积产值增加 928～1 516 元/公顷。虽然控释肥料的价格高于常规氮肥，但通过降低氮肥用量使得氮肥投入成本比常规施氮仅增加 107～120 元/公顷。由于控释肥采用免追肥施用方式，相比常规施氮每公顷节省劳动力投入450元，综合上述各项投入产出，施用控释肥比常规施氮每公顷净收益增加1 269～1 857元。

9.3.2 白城市洮南区福顺镇水稻免追肥示范

示范地点布置在白城市洮南市福顺镇，示范面积40公顷。水稻品种为白稻8，4月10日开始晒种，4月13日用盐水选种，选出的稻种用咪鲜胺在15℃水温浸种。4月18日捞出放在保温处催芽两天，然后摊开晾晒，用配套播种器在简塑钵盘上播种。5月15日开始对水稻移栽田进行耕翻，耕翻深度为15～18厘米，5月20日机械插秧。习惯施肥基施每公顷61千克尿素，260千克磷酸二铵（N：P_2O_5＝18：46），210千克硫酸钾（K_2O＝50％）；6月1日、6月10日、6月25日和7月15日分别追返青肥（硫酸铵150千克/公顷）、分蘖肥（尿素100千克/公顷）、拔节保蘖肥（尿素50千克/公顷）和穗肥（尿素30千克/公顷），水稻于9月25～30日收获（图9-14）。示范田基施水稻免追专用肥（N：P：K＝20：16：14）750千克/公顷（表9-11），水稻免追专用肥为硫酸钾型，其中氮肥内含的50％控释氮由20％的曲线型控释尿素和30％的直线型控释尿素组成，曲线型控释尿素和直线型控释尿素的释放期分别为90和60天。收获前示范田测产按农业部测产验收办法测产验收，并取样考种测定穗数、穗粒数、秕粒率和千粒重。

图9-14 曲线型育秧免追肥示范田收获时长势

表9-11 福顺镇水稻免追肥示范方案

处理	育秧方式	施肥方式	肥料配方	施肥量（千克/公顷）
示范田	习惯	耙地前一次底施	20：16：14（硫酸钾型，内含50％控释氮肥）	750
习惯施肥	习惯	基施＋4次追肥	187.5千克/公顷速效氮，磷、钾同示范田	

表 9 - 12　福顺镇产量及产量三因素

处理	产量 （千克/公顷）	穗数 （万穗/公顷）	穗粒数 （粒/穗）	千粒重 （克）	秕粒率 （%）
习惯施氮	7 988	413.6	101	23.8	2.1
控释专用肥	8 865	425.2	102	22.9	4.1

从产量构成因素来看，控释专用肥比习惯施肥产量增加 11%，其原因是施用控释专用肥增加穗数和粒数（图 9 - 15）。

图 9 - 15　9 月 20 日水稻免追肥示范田长势

虽然控释尿素的单价是普通尿素的 190%，但是控释专用肥通过减少氮肥用量（减氮 20%）和速效掺混（控释氮占 50%）有效降低了氮肥投入成本，每公顷氮肥成本相比习惯施氮仅增加 190 元，而控释专用肥采用免追肥方式节省的劳动力投入达 600 元/公顷（表 9 - 13），因此其施氮总成本（氮肥成本加追肥劳动力投入）较习惯施氮反而降低了 410 元/公顷，在产值增加和投入降低的情况下，控释专用肥在水稻上的净收益较习惯施氮 3 041 元/公顷，增 13.5%。

表 9 - 13　经济效益分析

处理	产量 （千克/公顷）	产值 （元/公顷）	氮肥成本 （元/公顷）	追肥劳动力投入 （元/公顷）	净收入 （元/公顷）
习惯施肥	7 988	23 964	815	600	22 549
控释专用肥	8 865	26 595	1 005	0	25 590

注：2014 年水稻收购价格 3 000 元/吨，尿素 2 000 元/吨，包膜尿素 3 800 元/吨，追肥人工（4 次）600 元/公顷。

9.3.3 唐海县十一农场水稻免追肥示范

本示范布置在河北省唐海县十一农场，示范面积 40 公顷。水稻品种为盐丰 47，5 月 10～15 日育秧，6 月 17～22 日机插秧，10 月 15 日收获。习惯施肥每公顷基施 90 千克尿素、229 千克磷酸二铵（氮∶磷＝18∶46）和 150 千克氯化钾（K_2O＝60％）；6 月 27～28 日、7 月 6～7 日和 7 月 15～17 日分别追返青肥（尿素 118 千克/公顷）、分蘖肥（尿素 150 千克/公顷）和蘖穗肥（尿素 150 千克/公顷）。示范田基施水稻控释免追专用肥（氮∶磷∶钾＝22∶14∶12，内含 50％控氮）施用量为 750 千克/公顷，其中，50％控释氮由 20％的曲线型控释尿素和 30％的直线型控释尿素组成，曲线型控释尿素和直线型控释尿素的释放期分别为 90 和 60 天。示范田较习惯施肥减氮 40％，详见表 9 - 14。收获前示范田测产按农业部测产验收办法测产验收，并取样考种测定穗数、穗粒数、秕粒率和千粒重。

表 9 - 14 水稻免追肥示范方案

处理	育秧方式	施肥方式	配方	施肥量（千克/公顷）
控释专用肥	习惯	耙地前一次底施	22∶14∶12（内含 50％控释氮肥）	750
习惯施氮	习惯	基施＋3 次追肥	275 千克/公顷，磷、钾同示范田	

在减氮 40％的情况下，施用控释专用肥与习惯施氮相比水稻产量、千粒重无差异，其原因是穗蘖期专用肥的持续供氮促进了穗粒的生长发育（图 9 - 16）造成穗粒数的显著增加（10.8％），弥补了穗数的相对降低（10.9％）（表 9 - 15）。

图 9 - 16 水稻免追肥示范田抽穗前长势

表 9 - 15 十一农场水稻产量及产量三因素

处理	产量 （千克/公顷）	穗数 （万穗/公顷）	穗粒数 （粒/穗）	千粒重 （克）	结实率 （％）
习惯施氮	9 083	430	101	22	94.9
控释专用肥	9 104	383	112	22	96.0

注：水稻收购价格 3 000 元/吨，尿素 2 000 元/吨，包膜尿素 3 800 元/吨，追肥人工 450 元/公顷。

由于氮肥用量大幅降低（减氮 40%），因此水稻控释专用肥的氮肥成本反而比习惯施氮降低了 95 元/公顷（表 9 - 16），再加上专用肥节省的追肥劳动力投入，则专用肥的氮肥投入总成本（肥料＋劳力投入）比习惯施氮降低 445 元/公顷，在单位面积产值基本一致的情况下，专用肥的水稻净收入（产值－肥料投入）比习惯施肥增加 608 元/公顷。此外，在稳产和增收的前提下，施用水稻控释专用肥因大幅降低氮肥用量必然会显著降低氮素损失对环境的污染。

表 9 - 16 十一农场水稻经济效益分析

处理	产量 （千克/公顷）	产值 （元/公顷）	氮肥成本 （元/公顷）	追肥劳动力投入 （元/公顷）	净收入 （元/公顷）
习惯施氮	9 083	27 249	1 200	450	25 599
控释专用肥	9 104	27 312	1 105	0	26 207

9.3.4 白城市洮北区水稻免追肥示范

本示范在白城市洮北区布置两个示范点，分别是位于林海镇和德顺镇冠丰农民合作社，示范面积分别为 66.7 和 100 公顷（图 9 - 17、图 9 - 18）。水稻品种为白金 1 号，4 月 13～17 日育秧，5 月 18～22 日机插秧，9 月 25 日至 10 月 1 日收获。习惯施肥为基施公顷 260 千克磷酸二铵（氮∶磷＝18∶46），210 千克硫酸钾（K_2O＝50%）；5 月 28～30 日追返青肥（82 千克尿素千克/公顷），6 月 5～7 日分蘖肥（尿素 150 千克/公顷），6 月 20～25 日穗蘖肥（尿素 74 千克/公顷）。示范田 1 采用曲线型控释肥接触育秧施肥，30 千克/公顷曲线型控释氮（释放期 120 天），插秧耙地前一次性底施水稻控释专用肥（氮∶磷∶钾＝16∶16∶14），内含 37.5% 控释氮肥）750 千克/公顷，其中 37.5% 控释氮是 L 型控释氮，释放期为 60 天。示范田 2 采用底施水稻控释免追专用肥（氮∶磷∶钾＝20∶16∶14，内含 50% 控释氮 750 千克/公顷，其中 50% 控释氮由 20% 的曲线型控释尿素和 30% 的直线型控释尿素组成，曲线型控释尿素和直线型控释尿素的释放期分别为 90 和 60 天（表 9 - 17），两处示范田较习惯施肥均减氮 20%。收获前示范田测产按农业部测产验收办法测产验收，并取样考种测定穗数、穗粒数、秕粒率和千粒重。

图 9 - 17 水稻免追肥示范田收获前长势

图 9 - 18 示范户接受电视台采访

表 9-17　水稻免追肥示范方案

处理	育秧方式	施肥方式	肥料配方	施肥量（千克/公顷）
习惯	习惯	基施＋返青＋分蘖＋穗蘖	12.5 速效氮，磷，钾同示范	
示范田 1	接触育秧	耙地前一次底施	16∶16∶14	750
示范田 2	习惯	耙地前一次底施	20∶16∶14	750

从表 9-18 可以看出，示范田 1 的水稻穗数、穗粒数和千粒重均高于习惯施肥，其中，穗数和穗粒数增加较多，穗数增加 3.8 万穗/公顷，穗粒数增加 7 粒。在减少氮肥用量 20％时，水稻产量较习惯施肥增加 1 050 千克/公顷，增 12.0 ％。虽然示范田氮肥成本较习惯施肥 190 元/公顷，但节省追肥劳动力投入 450 元/公顷，两项合计共节省 260 元/公顷，扣除氮肥投入后的净收入较习惯施肥增加 3 410 元/公顷（表 9-19）。

表 9-18　示范田水稻产量及产量三因素

处理	产量 （千克/公顷）	穗数 （万穗/公顷）	穗粒数 （粒/穗）	千粒重 （克）	秕粒率 （％）
习惯施肥	8 746	456.9	112	22	8.6
示范田 1	9 796	460.7	119	23	7.3

表 9-19　示范田水稻经济效益

处理	产量 （千克/公顷）	产值 （元/公顷）	氮肥成本 （元/公顷）	追肥劳动力投入 （元/公顷）	净收入 （元/公顷）
习惯施氮	8 746	26 238	815	450	24 973
示范田 1	9 796	29 388	1 005	0	28 383

注：水稻收购价格 3 000 元/吨，尿素 2 000 元/吨，包膜尿素 3 800 元/吨，追肥人工 450 元/公顷。

从表 9-20 可以看出，示范田 2 的穗粒数明显高于习惯施肥（增加 10 粒/穗），穗数和千粒重两者差别不大（图 9-19）。在减少氮肥用量 20％时，水稻产量较习惯施肥增加 974 千克/公顷，增 11.4 ％。虽然示范田氮肥成本较习惯施肥多 190 元/公顷，但节省追肥劳动力投入 450 元/公顷，两项合计共节省 260 元/公顷，扣除氮肥投入后的净收入较习惯施肥增加 3 101 元/公顷（表 9-21）。

表 9-20　示范田水稻产量及产量三因素

处理	产量 （千克/公顷）	穗数 （万穗/公顷）	穗粒数 （粒/穗）	千粒重 （克）	秕粒率 （％）
习惯施肥	8 284	464.4	107	21.4	8.3
示范田 2	9 231	462.2	117	21.7	7.6

表 9 - 21 示范田水稻经济效益

处理	产量 （千克/公顷）	产值 （元/公顷）	氮肥成本 （元/公顷）	追肥劳动力投入 （元/公顷）	净收入 （元/公顷）
习惯施氮	8 284	24 852	815	450	23 587
示范田 2	9 231	27 693	1 005		26 688

注：水稻收购价格 3 000 元/吨，尿素 2 000 元/吨，包膜尿素 3 800 元/吨，追肥人工 450 元/公顷。

图 9 - 19 收获前水稻免追肥示范田现场观摩会

综合两个示范点的情况来看，一次性施用水稻控释专用肥的两种方式均能满足水稻生育期的生长发育，在节肥和简化施肥基础上增产增收明显，利于推广。

9.4 一次性施肥技术规程

9.4.1 范围

本标准规定了水稻一次性施肥技术的具体技术要求与指标。

本标准适用于东北、华北地区水稻种植区，其他自然生态要素与本区相似的水稻种植区亦可参考使用。

9.4.2 规范性引用文件

下列文件对于本文件的应用必不可少的。凡是注日期的引用文件，仅所注日期的版本适用于本文件。凡是不注日期的引用文件，其最新版本（包括所有的修改单）适用于本文件。

GB 2440　尿素及其测定方法

GB 6549　氯化钾

GB 10205　磷酸一铵、磷酸二铵

GB 15063　复混肥料（复合肥料）

GB 20406　农业用硫酸钾

GB 23348—2009　缓释肥料

HG/T 4215　控释肥料

HG/T 4216　缓释/控释肥料养分释放期及释放率的快速检测方法

NY/T 309　全国耕地类型区、耕地地力等级划分

9.4.3　术语与定义

下列术语和定义适用于本文件。

9.4.3.1　一次性施肥

一次性施肥是指选用聚合物包膜控释氮肥或控释掺混肥料，翻地前，如冬前翻地的春后耙地前，将配制好的控释掺混肥料（复合肥料）一次性均匀撒施，满足水稻全生育期需肥要求，不再追施返青、拔节、穗粒肥的施肥技术。

9.4.3.2　肥料

肥料是指能直接提供植物必需的营养元素，改善土壤性状，提高植物产量和品质的物质。

9.4.3.3　缓控释肥料

缓控释肥料是指以各种调节机制使其养分最初释放缓慢，延长植物对其有效养分吸收利用的有效期，使其养分按照设定的养分速率和释放期缓慢或控制释放的肥料。

9.4.3.4　曲线释放型控释肥料

肥料在一定时期内溶出受到抑制，此时期过后开始快速溶出；包膜肥料在 25℃水中肥料溶出率累计达到 5％的天数为抑制期，此后到累计溶出 80％的天数为溶出期；抑制期与溶出期之比大于 0.2～0.3，符合上述条件的溶出模式即为曲线释放型控释肥料。

9.4.3.5　掺混肥料

掺混肥料是指氮、磷、钾三种养分中，至少有两种养分标明量的由干混方法制成的颗粒状肥料，也称为 BB 肥。

9.4.3.6　缓控释掺混肥料

缓控释掺混肥料是指由粒径相近的速效肥料和缓控释肥料按照一定比例混合而成的掺混肥料。

9.4.4　地力基础

水稻耕地符合 NY/T 309 要求。地势平坦，土层深厚，保水保肥力较强。

9.4.5　肥料种类

9.4.5.1　曲线释放型控释氮肥

本标准选用的曲线释放型控释氮肥的养分释放期为 90～120 天，抑制期 30 天左右，养分释放率≤5％，养分释放期的累积养分释放率≥80％，养分释放期及释放率的检测方法符合 HG/T 4216 要求。

9.4.5.2 包膜控释氮肥

本标准选用的包膜控释氮肥的养分释放期为 50～70 天，初期养分释放率≤12％，28 天累积养分释放率≤60％，养分释放期的累积养分释放率≥80％。包膜控释氮肥符合 HG/T 4215 要求，养分释放期及释放率的检测方法符合 HG/T 4216 要求。

9.4.5.3 普通氮肥

普通氮肥由尿素或复混肥料（复合肥料）提供。尿素符合 GB 2440 规定，复混肥料（复合肥料）符合 GB 15063 规定。

9.4.5.4 磷、钾肥

磷、钾肥可由复混肥料（复合肥料）或磷酸一铵、磷酸二铵、氯化钾、硫酸钾等肥料提供。复混肥料（复合肥料）应符合 GB 15063 规定，磷酸一铵、磷酸二铵应符合 GB 10205 规定，氯化钾应符合 GB 6549 规定，硫酸钾应符合 GB 20406 规定。

9.4.5.5 肥料颗粒要求

各类肥料外观均规定为颗粒状产品，无机械杂质，直径 2～4.75 毫米。

9.4.6 适宜配比

包膜控释氮肥与普通氮肥按照一定比例配合施用，在减氮 20％的条件下其最优化配比（按照提供纯氮数量计算）为 5：5；与习惯施肥等氮时最优化配比（按照提供纯氮数量计算）为 4：6。

9.4.7 施肥量

目标产量及肥料推荐配方见表 9-22。

表 9-22 水稻目标产量及肥料推荐用量

序号	目标产量（千克/公顷）	施肥量（千克/公顷）		
		氮（N）	磷（P_2O_5）	钾（K_2O）
1	<7 500	90～105	75～90	60～75
2	7 500～9 000	105～120	90～105	75～90
3	9 000～10 500	120～135	105～120	90～105
4	10 500～12 000	135～150	120～135	105～120
5	>12 000	150～180	135～150	120～135

9.4.8 施肥方法

9.4.8.1 曲线型控释肥接触育秧及施肥操作方法

取河渠淤土过筛后的细土，每盘 2 千克左右，调酸至 pH 5～5.5，扣塑料棚（提高棚温），1 000 米² 施用 150～200 千克 12：18：15 的硫基复合肥，与调酸后的土混匀，底覆土—曲线型控释氮肥（占总施氮量的 20％）—机播浸过的稻籽—覆土—喷灌浇水—覆透气膜。插秧前翻地前把直线型控释氮肥（占总施氮量的 30％）、速效氮肥及磷、钾肥一次性施入—翻地—耙地—泡水—机插秧，整个生育期不再追肥。

9.4.8.2　直线型控释肥一次施肥操作方法

采用农民习惯育秧，翻地前把直线型控释氮肥（占总施氮量的 50％）、速效氮肥及磷、钾肥一次性施入—翻地—耙地—泡水—机插秧，整个生育期不再追肥。

10 包膜控释肥料技术转化应用

本书只对 2010 年以来包膜控释技术应用和合作的企业进行了简介。

10.1 四川好时吉化工有限公司

四川好时吉化工有限公司位于四川什邡市经济开发区（北区），是汶川"5·12"特大地震后北京市农林科学院技术援建的高新技术企业，2010 年引进包膜控释肥料技术，建成两套控释肥料生产线，年生产能力 1 万吨，配制控释专用肥料 6 万吨，是四川省唯一一家获得农业部颁发的缓释肥料登记证的企业（图 10-1）。小麦、玉米、水稻专用控释复合（或掺混）肥料，实现了一次性施肥整个生育期不用追肥，在新疆、甘肃、陕西、山东、山西、河南、云南、广东、广西等地区大面积应用。全水溶性控释复合肥，主要应用于花卉、草坪、高尔夫球场、高端水果等，销往日本、美国、以色列、德国、意大利、英国、荷兰等 30 多个国家和地区。

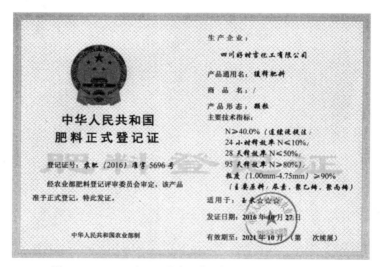

图 10-1 2016 年 10 月农业部颁发的缓释肥料登记证

10.2 北京富特来复合肥料有限公司

2011 年 10 月，北京富特来复合肥料有限公司与北京市农林科学院植物营养与资源研究所签订合作协议，合作建立新型肥料中试基地并引进包膜控释肥料技术，两套控释肥料生产线先后投产，年生产能力 1 万吨控释肥料，配制各种作物控释专用肥料 6 万吨，2016 年 6 月获得农业部颁发的缓释肥料临时登记证（图 10-2）。玉米控释专用肥在北京、内蒙古、河北、山东及东北三省等地区推广应用，水稻控释专用肥在辽宁、吉林、黑龙江、河北、内蒙古等地区推广应用。

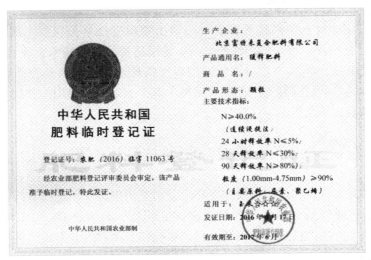

图 10-2　2016 年 6 月农业部颁发的缓释肥料临时登记证

10.3　三河市香丰肥业有限公司

公司位于河北三河市火车站东侧，是集技、工、贸于一体的高新技术企业。2010 年 6 月引进包膜控释肥料技术，建成两套控释肥料生产线，年生产能力 1 万吨，配制控释专用肥料 6 万吨，2017 年 9 月获得农业部颁发的缓释肥料登记证（图 10-3）。生产的小麦、玉米、水稻专用控释复合（或掺混）肥料在北京、天津、内蒙古、宁夏、河北、山东、河南及东北三省等地区推广应用。

图 10-3　2017 年 7 月农业部颁发的缓释肥料登记证

10.4 湖南金叶众望科技股份有限公司

1998 年，湖南金叶众望科技股份有限公司由湖南省烟草公司及下属公司投资成立，2009 年，该企业划给岳阳市，位于临湘境内，是湖南省"高新技术企业"、全国"测土配方"肥料点生产企业。2014 年，引进包膜控释肥料技术，建成 3 套控释肥料生产线，年生产能力 1.5 万吨，配制控释专用肥料 9 万吨，其玉米、水稻专用控释复合（或掺混）肥料主要在南方水稻、华北玉米推广应用。

10.5 安华农科（北京）缓控释肥科技开发有限公司

安华农科（北京）缓控释肥科技开发有限公司是由中国安华集团有限公司投资，北京市农林科学院以包膜控释肥料知识产权入股成立的高新技术企业，2012 年 11 月注册成立，年生产能力 1 万吨控释肥料，配制各种作物控释专用肥料 6 万吨，主要在东北、华北等主要粮食产区推广应用。

主要参考文献

白由路，杨俐苹，2006. 我国农业中的测土配方施肥. 土壤肥料（2）：3-7.

曹兵，贺发云，徐秋明，等，2006. 南京郊区番茄地中氮肥的效应与去向. 应用生态学报，17（10）：1839-1844.

曹兵，李亚星，徐凯，等，2009. 不同释放期的包衣尿素在夏玉米上的应用效果研究. 土壤通报，40（3）：621-624.

曹兵，徐秋明，任军，等，2005. 延迟释放型包衣尿素对水稻生长和氮素吸收的影响. 植物营养与肥料学报，11（3）：352-356.

曹静，刘小军，汤亮，等，2010. 稻麦适宜氮素营养指标动态的模型设计. 应用生态学报，21（2）：359-364.

曾长立，王兴仁，陈新平，等，2000. 冬小麦氮肥肥料效应模型的选择及其对推荐施氮效果的影响［J］. 江汉大学学报，17（3）：9-13.

杜建军，廖宗文，宋波，等，2002. 包膜控释肥养分释放特性评价方法的研究进展. 植物营养与肥料学报，8（1）：16-21.

樊小林，刘芳，廖照源，等，2009. 我国控释肥料研究的现状和展望. 植物营养与肥料学报，15（2）：463-473.

高强，李德忠，黄立华，等，2008. 吉林玉米带玉米一次性施肥现状调查分析. 吉林农业大学学报，30（3）：301-305.

高伟，金继运，何萍，等，2008. 我国北方不同地区玉米养分吸收及累积动态研究. 植物营养与肥料学报，14（4）：623-629.

谷佳林，徐秋明，曹兵，等，2007. 缓控释肥料的研究现状与展望. 安徽农业科学，35（32）：10369-10372.

何萍，金继运，Pampolino M F，等，2012. 基于产量反应和农学效率的推荐施肥新方法. 植物营养与肥料学报，b，18（2）：499-505.

李红莉，张卫峰，张福锁，等，2010. 中国主要粮食作物化肥施用量与效率变化分析. 植物营养与肥料学报，16（5）：1136-1143.

李玉英，宋玉伟，程序，等，2009. 施氮对灌漠土春玉米干物质积累和氮素吸收利用动态的影响. 中国农业大学学报，14（1）：61-65.

刘宝存，徐秋明，曹兵，等，2005. 新型可调控 S 型缓释肥料研制与开发. 中国农资，43-44.

鲁如坤，2000. 土壤农业化学分析方法. 北京：中国农业科技出版社，25-163.

马丽，张民，陈剑秋，等，2006. 包膜控释氮肥对玉米增产效应的研究. 磷肥与复肥，21（4）：12-14.

王秀斌，周卫，梁国庆，等，2009. 优化施肥条件下华北冬小麦/夏玉米轮作体系的土壤氨挥发. 植物营养与肥料学报，15（2）：344-351.

谢佳贵，尹彩侠，张路，等，2009. 春玉米控释氮肥施用技术研究. 玉米科学，17（5）：145-147.

徐秋明，曹兵，李亚星，2005. 利用废旧塑料包出控缓释肥料. 中国农资，51-53.

徐秋明，孙建好，曹兵，等，2005. 干旱风沙灌漠土玉米田树脂包衣尿素施用效果研究. 干旱地区农业研究，23（6）：128-136.

徐秋明，周军，黄德明，等，1997. 小麦春季管理肥水联合效应. 华北农学报，12（4）：85-89.

徐秋明，2008. 缓控释肥料已成为行业需求. 中国农资，24 - 25.

晏娟，尹斌，张绍林，等，2008. 不同施氮量对水稻氮素吸收与分配的影响. 植物营养与肥料学报，14
（5）：835 - 839.

衣文平，屈浩宇，许俊香，等，2012. 不同释放天数包膜控释尿素在春玉米上的应用研究. 核农学报，
26（4）：699 - 704.

衣文平，史桂芳，武良，等，2010. 不同释放期的包膜控释尿素与普通尿素配合基施在夏玉米上的应用
效果. 植物营养与肥料报，16（4）：931 - 937.

衣文平，孙哲，武良，等，2011. 包膜控释尿素与普通尿素配施对冬小麦生长发育及土壤硝态氮的影响.
应用生态学报，22（3）：687 - 693.

衣文平，朱国梁，武良，2010. 不同量的包膜控释尿素与普通尿素配施在夏玉米上的应用研究. 植物营
养与肥料学报，16（6）：1497 - 1502.

易镇邪，王璞，2007. 包膜复合肥对夏玉米产量、氮肥利用率与土壤速效氮的影响. 植物营养与肥料学
报，13（2）：242 - 247.

张福锁，王激清，张卫峰，等，2008. 中国主要粮食作物肥料利用率现状与提高途径. 土壤学报，45
（5）：915 - 924.

Akimasa O，2008. Coated granular fertilizer. Japan Patent-001550.

Akimasa O，2002. Sigmoid elution type coated granular fertilizer having decomposable coating film. Japan
Patent-234790.

Akimasa O，Toshimoto S，2000. Coated granular fertilizer and its production. Japan Patent-185991.

Amany A B，Zeidan M S，Hozayn M，2006. Yield and quality of maize (Zea mays L.) as affected by slow-
release nitrogen in newly reclaimed sandy soil. American-Eurasian J Agric & Environ，1（3）：239 - 242.

Bangar A R，1998. Fertilization of sorghum based on modified mitscherlich-bray equation under semi-arid
tropics. Journal of the Indian Society of Soil Science，46：383 - 391.

Buresh R J，Pampolino M F，Witt C，2010. Field-specific potassium and phosphorus balances and fertilizer
requirements for irrigated rice-based cropping systems. Plant Soil，335：35 - 64.

Cabrera R I，1997. Comparative evaluation of nitrogen release patterns from controlled release fertilizers by
nitrogen leaching analysis. Hort Science，32（4）：669 - 673.

Cerrato M E，Blackmer A M，1990. Comparison of models for describing corn yield response to nitrogen
fertilizer. Agron，82：138 - 143.

Chandrasekhra R K，Riazuddin A，2000. Soil test based fertilizer recommendation for maize grown inncep-
tisols of Jagtiyal in andhra Pradesh. Journal of the Indian Society of Soil Science，48：84 - 89.

Chuan L M，He P，Jin J Y，et al，2013. Estimating nutrient uptake requirements for wheat in China. Field
Crops Research，146：96 - 104.

Chuan L M，He P，Pampolino M F，et al，2013. Establishing a scientific basis for fertilizer recommenda-
tions for wheat in China：yield response and agronomic efficiency. Field Crops Research，140：1 - 8.

Cui Z L，Zhang F S，Chen X P，et al，2008. On-farm estimation of indigenous nutrient supply for site-specific
nitrogen management in the North China plain. Nutrient Cycling in Agroecosystems，81：37 - 47.

Das D K，Maiti D，Pathak H，2009. Site-specific nutrient management in rice in Eastern India using a mod-
eling approach. Nutr Cycl Agroecosyst，83：85 - 94.

Diez J A，Cartagena M C，Vallejo A，et al，1991. Establishing the solubility kinetics of N in coated fertil-
izers of slow release by means of electroultrafiltration. Agricoltura Mediterránea，121：291 - 296.

Dobermann A，Witt C，Abdulrachman S，et al，2003. Estimating indigenous nutrient supplies for site-specific nutrient management in irrigated rice. Agron, 95: 924 – 935.

Fan X L, Yu J G, Zhu Z L, et al, 2005. Dynamics and thermodynamics property of N release from coated controlled release fertilizers. 3rd. international nitrogen conference contributed paper. Beijing: Science Press and Science Press USA Inc.

Fan X-L (樊小林), Liao Z-W (廖宗文), 1998. Increase fertilizer use efficiently by means of controlled-release fertilizer production according to theory and techniques of balance fertilization. Plant Nutrition and Fertilizer Science (植物营养与肥料学报), 4 (3): 219-223 (in Chinese).

FUJISAWA E. KOBAYASHI A. HANYU T, 1998. A mechanism of nutrient release from resin-coated fertilizers and its estimation by kinetic methods. 5. Effect of soil moisture level on release rates from resin-coated fertilizer. Jpn J Soil Sci Plant Nutr, 69: 582 – 589.

Haefele S M, Wopereis M C S, Ndiaye M K, et al, 2003. Internal nutrient efficiencies, fertilizer recovery rates and indigenous nutrient supply of irrigated lowland rice in Sahelian West Africa. Field Crops Research, 80: 19 – 32.

He P, Li S T, Jin J Y, et al, 2009. Performance of an optimized nutrient management system for double-cropped wheat-maize rotations in North-Central China. Agron J, 101: 1489 – 1496.

Janssen B H, Guiking F C T, Van der Eijk D, et al, 1990. A system for quantitative evaluation of the fertility of tropical soils (QUEFTS). Geoderma, 46: 299 – 318.

Jiménez S, Cartagena M C, Vallejo A, et al, 1993. Kinetic properties of urea coated with resin and tricalcic phosphate. Agricoltura Mediterránea, 123: 47 – 54.

Ju X T, Kou C L, Zhang F S, et al, 2006. Nitrogen balance and groundwater nitrate contamination: Comparison among three intensive cropping systems on the North China Plain. Environ. Poll, 143: 117 – 125.

Liu M Q, Yu Z Y, Liu Y H, et al, 2006. Fertilizer requirements for wheat and maize in China: QUEFTS approach. Nutrient Cycling in Agroecosystems (74): 245 – 258.

Neil W C, Mark E M, 2006. Validation and recalibration of a soil test for mineralizable nitrogen. Communications in Soil Science and Plant Analysis, 37: 2199 – 2211.

Noellsch A J, Motavalli P P, Nelson K A, et al, 2009. Corn response to conventional and slow-release nitrogen fertilizers across a claypan landscape. Agronomy Journal, 101 (3): 607 – 614.

Oertli J J, Lunt O R, 1962. Controlled release of fertilizer minerals by encapsulating membranes Ⅱ. Efficiency of recovery, influence of soil moisture, mode of application, and other considerations related to use. Soil Science Society of America Proceedings, 26: 584 – 587.

Pampolino M F, Witt C, Pasuquin J M, et al, 2012. Development approach and evaluation of the Nutrient Expert software for nutrient management in cereal crops. Computers and Electronics in Agriculture, 88: 103 – 110.

Raban S, Shaviv A, 1997. Release mechanisms controlled release fertilizers in practical Use. Haifa: Technion.

Raun W, RJohnson G V, Westeman R L, 1999. Fertilizer nitrogen recovery in long-term continuous winter wheat. Soil Sci Sco Am J, 63 (4): 645 – 650.

Sadao Shoji, 1999. Meister-Controlled Release Fertilizer-Properties and Utilization. Konno Printing Company Ltd. Sendai Japan.

Satyanarayana T, Majumdar M, Birdar D P, 2011. New approaches and tools for site-specific nutrient management with reference to potassium. Karnataka Journal of Agricultural Sciences, 24: 86 – 90.

Setiyono T D，Walters D T，Cassman K G，et al，2010. Estimating the nutrient uptake requirements of maize. Field Crops Research，118：158 - 168.

Setiyono T D，Yang H，Walters D T，et al，2011. A decision tool for nitrogen management in maize. Agronomy Journal，103：1276 - 1283.

Shoji S，1999. MEISTER-Controlled release fertilizers. Sendai，Japan：Konno Printing Co. Ltd，9 - 10.

Sun K-G（孙克刚），He A-L（和爱玲），Li B-Q（李丙奇）et al，2008. Effect of different blend ratios of controlled released urea and conventional urea on wheat yield and fertilizer-nitrogen use efficiency. Journal of Henan Agricultural University（河南农业大学学报），42（5）：550 - 552（in Chinese）.

Tamimi Y N，Matsuyama D T，Robbins C L，1983. Release of nutrients from resin coated fertilizers as affected by temperature and time. Res. Ext. Seri. -Coll. Trop. Agric. Human Res. Univ. Hawaii，37：59 - 73.

Trenkel M E，1997. Controlled release and stabilized fertilizers in agriculture . Paris：IFA，236 - 247.

Witt C，Pasuquin J M C A，Pampolino M F，et al，2009. A manual for the development and participatory evaluation of site-specific nutrient management for maize in tropical，favorable environments. International Plant Nutrition Institute，Penang，Malaysia.

Yadav R L，Dwivedi B S，Prasad K，et al，2000. Yield trends，and changes in soil organic-C and available NPK in a long-term rice-wheat system under integrated use of manures and fertilizers. Field Crops Res，68：219 - 246.

Yang W-Y（杨雯玉），He M-R（贺明荣），Wang Y-J（王远军）et al，2005. Effect of controlled-release urea combined application with urea on nitrogen utilization efficiency of winter wheat. Plant Nutrition and Fertilizer Science（植物营养与肥料学报），11（5）：627 - 633（in Chinese）.

Yi W-P（衣文平），Shi G-F（史桂芳），Wu L（武良）et al，2010. Applications of polymer coated urea with different release time and conventional urea on summer maize growth. Plant Nutrition and Fertilizer Science（植物营养与肥料学报），16（4）：931 - 937.